U0243654

“高等职业教育分析检验技术专业模块化系列教材”编写委员会

高等职业教育分析检验技术专业模块化系列教材

电工基础知识

熊　凤　主编
龙晓虎　主审

化学工业出版社
·北京·

内容简介

本书是高等职业教育分析检验技术专业模块化系列教材的一个分册，共5个模块，20个学习单元。主要包括电路与相关物理量、电阻与欧姆定律、电信号转换、磁电与热电基础、安全用电。本书以模块式的知识结构编写，图文并茂，内容全面，体系完整，突出应用。理论基础立足于易学够用，注重能力培养。每个模块前有学习目标，后有进度检查，是典型的高等职业教育应用型特色教材。

本书既可作为高等职业院校分析检验专业群教材，又可作为从事分析检验相关工作在职人员培训教材，还可作为相关人员的自学参考书。

图书在版编目（CIP）数据

电工基础知识/熊凤主编．—北京：化学工业出版社，2023.8

ISBN 978-7-122-43592-7

Ⅰ.①电… Ⅱ.①熊… Ⅲ.①电工学-高等职业教育-教材 Ⅳ.①TM1

中国国家版本馆CIP数据核字（2023）第099287号

责任编辑：刘心怡　　文字编辑：吴开亮
责任校对：李雨晴　　装帧设计：关　飞

出版发行：化学工业出版社
（北京市东城区青年湖南街13号　邮政编码100011）
印　　装：三河市延风印装有限公司
787mm×1092mm　1/16　印张7¼　字数163千字
2024年1月北京第1版第1次印刷

购书咨询：010-64518888　　售后服务：010-64518899
网　　址：http://www.cip.com.cn
凡购买本书，如有缺损质量问题，本社销售中心负责调换。

定　　价：26.00元

本书编写人员

主　编：熊　凤　重庆化工职业学院

副主编：何小丽　重庆化工职业学院

谭建川　重庆化工职业学院

参　编：罗　谧　重庆化工职业学院

王晓刚　重庆化工职业学院

邓治宇　重庆化工职业学院

陈国靖　重庆能源职业学院

陈　渝　重庆工业职业技术学院

主　审：龙晓虎　重庆耐德自动化科技有限公司

序

根据《关于推动现代职业教育高质量发展的意见》和《国家职业教育改革实施方案》文件精神，为做好“三教”改革和配套教材的开发，在中国化工教育协会的领导下，全国石油和化工职业教育教学指导委员会分析检验类专业委员会具体组织指导下，由重庆化工职业学院牵头，依据学院二十多年教育教学改革研究与实践，在改革课题“高职工业分析与检验专业实施 MES（模块）教学模式研究”和“高职工业分析与检验专业校企联合人才培养模式改革试点”研究基础上，为建设高水平分析检验检测专业群，组织编写了分析检验技术专业活页式模块化系列教材。

本系列教材为适应职业教育教学改革及科学技术发展的需要，采用国际劳工组织（ILO）开发的模块式技能培训教学模式，依据职业岗位需求标准、工作过程，以系统论、控制论和信息论为理论基础，坚持技术技能为中心的课程改革，将“立德树人、课程思政”有机融合到教材中，将原有课程体系专业人才培养模式，改革为工学结合、校企合作的人才培养模式。

本系列教材分为 124 个模块、553 个学习单元，每个模块包含若干个学习单元，每个学习单元都有明确的“学习目标”和与其紧密对应的“进度检查”。“进度检查”题型多样、形式灵活。进度检查合格，本学习单元的学习目标即可达成。对有技能训练的模块，都有该模块的技能考试内容及评分标准，考试合格，该模块学习任务完成，也就获得了一种或一项技能。分析检验检测专业群中的各专业，可以选择不同学习单元组合成为专业课部分教学内容。

根据课堂教学需要或岗位培训需要，可选择学习单元，进行教学内容设计与安排。每个学习单元旁的编号也便于教学内容顺序安排，具有使用的灵活性。

本系列教材可作高等职业院校分析检验检测专业群教材使用，也可作各行业相关分析检验检测技术人员培训教材使用，还可供各行业、企事业单位从事分析检验检测和管理工作的有关人员自学或参考。

本系列教材在编写过程中得到中国化工教育协会、全国石油和化工职业教育教学指导委员会、化学工业出版社的帮助和指导，参加教材编写的教师、研究员、工程师、技师有 103 人，他们来自全国本科院校、职业院校、企事业单位、科研院所等 34 个单位，在此一并表示感谢。

张荣

2022 年 12 月

前言

本套教材是在中国化工教育协会领导下，全国石油和化工职业教育教学指导委员会高职分析检验类专业委员会具体组织指导下，由重庆化工职业学院牵头，组织相关职业院校教师、科研院所工作人员、企业工程技术人员等编写。

本分册教材为《电工基础知识》，由5个模块20个学习单元组成。主要包括电路与相关物理量、电阻与欧姆定律、电信号转换、磁电与热电基础、安全用电。

本书贯实全国职业教育工作会议精神，落实中共中央办公厅、国务院办公厅印发的《关于深化现代职业教育体系建设改革的意见》中“深化职业教育供给侧结构性改革”“培养更多高素质技术技能人才、能工巧匠、大国工匠”的意见，本着“必须、够用、实用、好用”的原则，根据高等职业技术教育教学改革的目的和要求，针对高职高专生源的特点而编写。

为贯彻落实好党的教育方针，本书在编写过程中，注重融入课程思政，体现党的二十大精神，以潜移默化、润物无声的方式适当渗透德育；适时跟进产业前沿，让学生及时了解最新技术与科技创新；突出技能培训，强化创新能力的培养；注意反映新知识、新技术、新工艺和新方法，体现科学性、实用性、代表性和先进性；正确处理理论知识与技能的关系，注重培养学生的自学能力、分析能力、实践能力、综合应用能力和创新能力。本书中各学习单元附有进度检查，便于学生练习、掌握和巩固所学知识。本书编写兼顾了学生学习理论知识与通过职业技能鉴定考试两种要求。

本书由熊凤主编，龙晓虎主审。其中模块1由罗谧、熊凤编写，模块2由何小丽、熊凤编写，模块3由谭建川编写，模块4由邓治宇、陈国靖编写，模块5由王晓刚、陈渝编写，全书由熊凤统稿整理。

本书编写过程中参阅和引用了一些文献资料，在此向相关作者一并致谢。

由于编者水平和实际工作经验等方面的限制，书中难免有不足之处，敬请读者和同行们批评指正。

编者

2022年12月

目录

模块 1　电路与相关物理量

编号 FJC-6-01

学习单元 1-1　电路的概念、模型

学习目标： 在完成本单元学习之后，能够了解并认识电路；理解理想元件、电路模型等概念；记住电路图形符号，学会画电路图。

职业领域： 化学、石油、环保、医药、冶金、建材等

工作范围： 电工

一、电路概述

当今社会已经进入高速发展的信息时代，电在日常生活中的作用越来越重要了，我们每天都在不知不觉中与电路打交道，没有电路的生活与没有电的生活同样是不可想象的。电路的种类、大小多种多样。例如，目前新疆昌吉到安徽古泉±1100kV 特高压直流输电线路工程是当前电压等级最高、保送容量最大、保送间隔最远、技术程度最难的特高压输电工程。该工程起于新疆准东（昌吉），止于安徽淮南（古泉），途经新疆、甘肃、宁夏、陕西、河南、安徽六省（自治区），并在此流程中穿越中华民族的母亲河——黄河，线路全长 3319.2km。

麦吉尔大学（McGill University）物理系的圭劳姆·热尔韦（Guillaume Gervais）和桑迪亚国家实验室（Sandia National Laboratories）的麦克·李力（Mike Lilly）设计出了世界上最小的电子电路，这种电路由两根线组成，两线相隔只有 150 个原子（或 15nm）。这一成果发表在《自然·纳米技术》（*Nature Nanotechnology*）杂志上，极大地影响了集成电路的工作速度和性能。未来，这种集成电路会用于各种产品，从智能手机到计算机、电视机和 GPS 系统等都可以应用。

二、电路

图 1-1 是最简单的直流电路——手电筒电路。图 1-1 所示电路由四部分组成。

① 干电池，它将化学能转换为电能。

② 小电珠，它将电能转换为光能。

③ 开关，通过它的闭合与断开，能够控制小电珠的发光情况。

④ 金属容器、卷线连接器，它们相当于传输电能的金属导线，用于连接手电筒中的各个元件。

通过图 1-1 可知，电路就是电流流通的路径，是由若干电气设备或元器件按一定方式用导线连接而成的电流通路。通常由电源、负载及中间环节三部分组成。

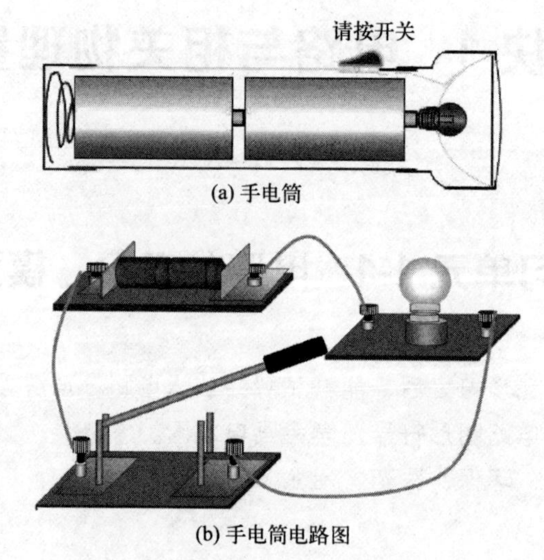

(a) 手电筒

(b) 手电筒电路图

图 1-1　手电筒实物及电路

① 电源是将其他形式的能量转换为电能的装置，如发电机、干电池、蓄电池等。

② 负载是取用电能的装置，通常也称用电器，如白炽灯、电炉、电视机、电动机等。

③ 中间环节是传输、控制电能的装置，如连接导线、变压器、开关、保护电器等。

实际电路的结构形式多种多样，但就其功能而言，可以划分为电力电路（强电电路）、电子电路（弱电电路）两大类。电力电路主要是实现电能的传输和转换，电子电路主要是实现信号的传递和处理。

图 1-1 所示电路是用实物表示的，这样表示非常麻烦，而且对大型电路的表现也很困难。因此，国家统一规定了表示电路元器件的图形符号，称为电路符号，用电路符号表示实际电路器件连接关系的图形称为电路原理图，简称电路图。例如手电筒电路的元件外形与图形符号见表 1-1。

表 1-1　手电筒电路中元件外形及图形符号

名称	外形	图形符号	文字符号
灯泡		⊗	HL
开关		—/—	S
电池		—||—	GB

我们给这个手电筒电路画出电路图，如图 1-2 所示。

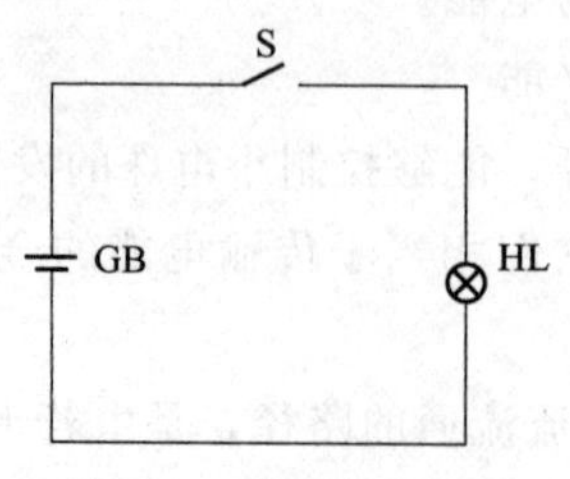

图 1-2　手电筒电路图

其他常用的电路图形符号如表 1-2 所示。

表 1-2 常用的电路图形符号

名称	外形	图形符号	文字符号
二极管			V
电流表		Ⓐ	A
电容器			C
滑动变阻器			RP
电感器			L
熔断器			FU
三相异步电动机		M 3~	M
电压表		Ⓥ	V
电阻			R

三、电路元件

实际电路中的元器件品种繁多，有的元器件主要是消耗电能，如各种电阻器、电灯、电烙铁等；有的元器件主要是储存磁场能量，如各种电感线圈；有的元器件主要是储存电场能量，如各种类型电容器；有的元器件主要是提供电能，如电池、发电机等。

对某一个元器件而言，其电磁性能却并不是单一的。例如，实验室用的滑动变阻器由导线绕制而成，首先主要具有消耗电能的性质，即具有电阻的性质；其次由于电压和电流会产生电场和磁场，它既具有储存电场能量和磁场能量的性质，还具有电容和电感的性质。上述性质总是交织在一起的，当电压、电流的性质不同时，其表现程度也不一样。

为了便于对电路进行分析和计算，将实际元器件近似化、理想化，使每一种元器件只集中表现一种主要的电或磁的性能，这种理想化元器件就是实际元器件的模型。理想化元器件简称电路元件。

实际元器件可用一种或几种电路元件的组合来近似地表示。例如，上面提到的滑动变阻器可用电阻元件来表示；若考虑磁场的作用，则可用电阻元件和电感元件的组合来表示。同时，对电磁性能相近的元器件，也可用同一种电路元件近似地表示。例如，各种电阻器、电灯、电烙铁、电熨斗都可用电阻元件来近似表示。

四、电路模型

由电路元件构成的电路称为电路模型。电路元件一般用理想电路元件代替，并用国标规定的图形符号及文字符号表示。本书中未加特殊说明时，研究的电路均为电路模型。例如常见的手电筒电路模型，如图 1-3 所示。

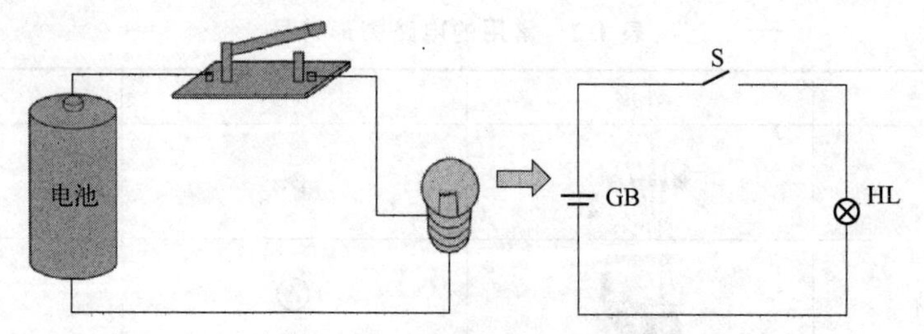

图 1-3　手电筒电路模型

进度检查

填空题

1. 电路是________________的路径。
2. 一个基本的电路由________、________、________三部分组成。
3. 电阻的标准图形符号为____________。
4. 开关的标准图形符号为____________。
5. 由____________构成的电路，称为电路模型。

编号 FJC-6-02

学习单元 1-2　电路的工作状态、常用术语

学习目标：在完成本单元学习之后，能够理解电路的几种工作状态；理解电路中常用的术语。

职业领域：化学、石油、环保、医药、冶金、建材等

工作范围：电工

一、电路的工作状态

一个电路正常工作时，需要将电源与负载连接起来。电源与负载连接时，根据所接负载的情况，电路有三种工作状态：**空载状态、短路状态、有载状态。**为了说明这三种工作状态，现以图 1-4 所示的简单直流电路为例进行分析。

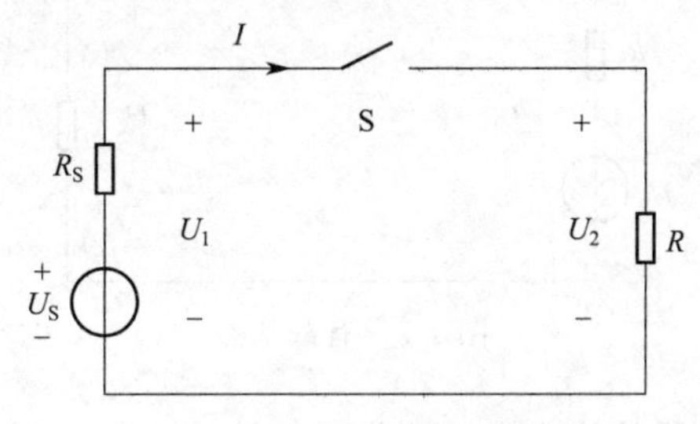

图 1-4　简单直流电路

（1）空载状态　空载状态又称断路或开路状态，如图 1-5 所示。

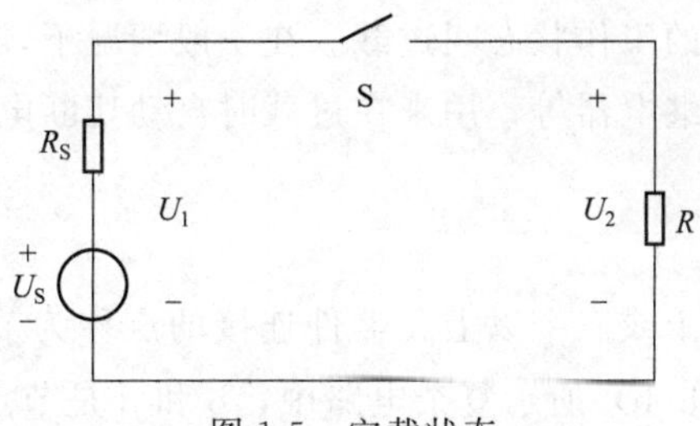

图 1-5　空载状态

当开关 S 断开或连接导线折断时，电路就处于空载状态，此时电源和负载未构成通路，外电路所呈现的电阻可视为无穷大。

（2）短路状态　当电源两端的导线由于某种事故而直接相连时，电源输出的电流不经过负载，只经连接导线直接流回电源，这种状态称为短路状态，简称短路，如图 1-6 所示。短路时外电路所呈现的电阻可视为零。

在一般供电系统中，电源的内电阻（内阻）很小，故短路电流很大，电源所发出的功率

全部消耗在内电阻上。

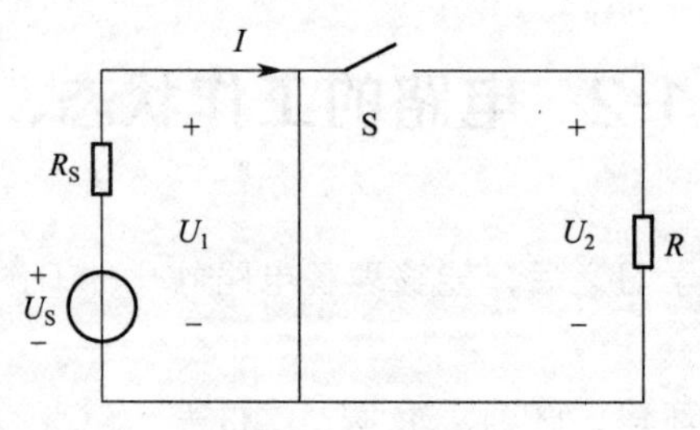

图 1-6　短路状态

由于电源所发出的功率全部消耗在内电阻上，因而会使电源发热以致损坏。所以在实际工作中，应经常检查电气设备和线路的绝缘情况，以防电源被短路的事故发生。此外，通常还在电路中接入熔断器等保护装置，以便在发生短路时能迅速切断电路，达到保护电源及电路元器件的目的。

(3) 有载状态　当开关S闭合时，电路中有电流流过，电源输出功率，负载取用功率，这称为电路的有载工作状态，如图 1-7 所示。

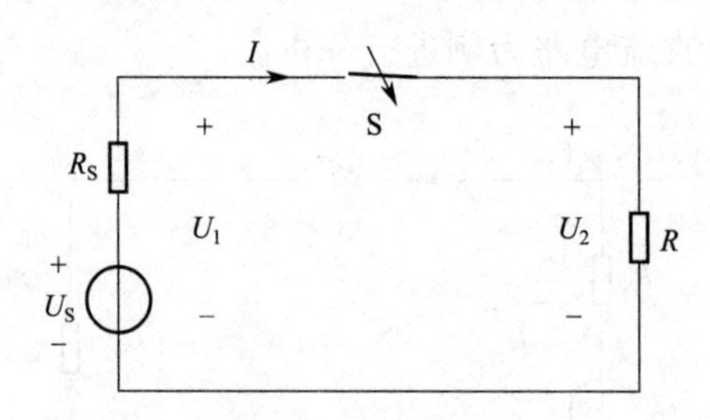

图 1-7　有载状态

为了保证电气设备和元器件能安全、可靠、经济地工作，制造商规定了每种设备和元器件在工作时所允许的最大电流、最高电压和最大功率，使用时一定不能超过规定的额定值。

电气设备应尽量工作在额定状态，这种状态又称**满载**状态。电流和功率低于额定值的工作状态叫**轻载**；高于额定值的工作状态叫**过载**。在一般情况下，设备不应过载运行。在电路设备中常装设自动开关、热继电器等，用来在过载时自动切断电源，确保设备安全。

二、电路常用术语

(1) 节点　电路中有三个或三个以上元器件连接的点称为节点，在图 1-8(a) 所示简单电路中，没有节点，在图 1-8(b) 所示复杂电路中，b 和 d 是节点。

(2) 支路　两个相邻节点之间的电路称为支路，图 1-8(b) 中复杂电路共有三条支路，即 bad、bd 和 bcd；而图 1-8(a) 简单电路中，没有支路。

(3) 回路　电路中的任意一个闭合路径称为回路。图 1-8(a) 所示简单电路中有一个回路；而图 1-8(b) 所示复杂电路中有三个回路，即 abda、abcda 和 bcdb。

(4) 网孔　内部不含支路的回路称为网孔。图 1-8(a) 所示简单电路中，只有一个网孔；而图 1-8(b) 所示复杂电路中共有两个网孔，即 abda 和 bcdb。

这些节点、支路、回路、网孔的概念是后面学习一般电路分析方法必须掌握的基础知识。

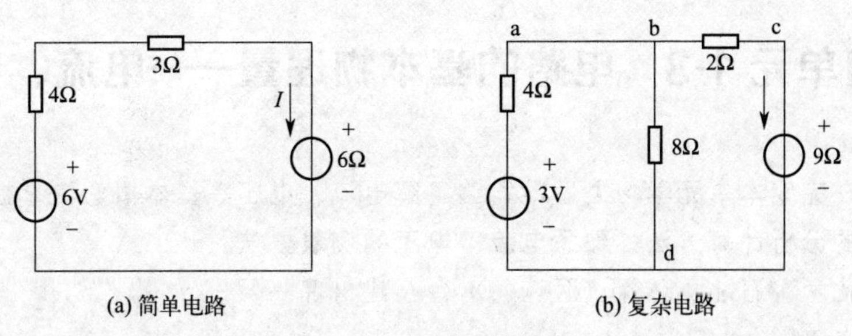

图 1-8 电路示例

进度检查

填空题

1. 电路有三种工作状态：__________状态、__________状态、__________状态。
2. 电源被短路有可能发生______________________________。
3. 电路中有__________个以上元器件连接的点称为节点。
4. 为了防止电源被短路的事故发生，通常还在电路中接入__________等保护装置。
5. 内部不含__________的回路称为网孔。

编号 FJC-6-03

学习单元1-3 电路的基本物理量——电流、电压

学习目标： 在完成本单元学习之后，能够了解电流、电压等基本概念；掌握电流、电压的分析计算方法；熟悉电流、电压的测量方法。

职业领域： 化学、石油、环保、医药、冶金、建材等

工作范围： 电工

一、电流、电压概述

我们的生活已经离不开电，但是我们对电知道多少呢？对电路的基本物理量又知道多少呢？

对于电流，目前我们能够测到的最大电流就是雷电的电流，雷电的峰值电流可以达到10^5A以上，由于雷电电流是在十万分之几秒的极短时间里形成的，仅在直径几厘米的闪电通道内通过，所以闪电通道会迅速增温至几万摄氏度，并产生爆炸式膨胀。闪电通道在以30～50个标准大气压向外膨胀的过程中，形成了冲击波，以5km/s的高速度向四周扩散，然后逐渐衰减为声波，这就是雷声。与此同时，炽热的高温使闪电通道内的空气几乎完全电离，发出了耀眼的光亮，这就是闪电。

人体的感知电流就是能使人感觉到的最小电流，一般交流为1mA，直流为5mA；人体安全电流一般交流为30mA，直流为50mA。

对于电压，生活中涉及的最小电压有毫伏级和微伏级，如心脏的生物电变化通过心脏周围的导电组织和体液反映到身体表面上来，心电图仪可以把人体表面一定部位的电位变化用曲线记录下来，这就是心电图，心电图上的电压一般在毫伏级以下。

二、电流

电路的功能，无论是能量的输送和分配，还是信号的传输和处理，都要通过电压、电流和电功率来实现。因此，在电路分析中，人们所关心的物理量是电流、电压和电功率，在分析和计算电路之前，首先要建立并深刻理解这些物理量及相互关系。

① 电流的大小。电荷有规则地定向运动就形成了电流。

电流的大小用电流强度（简称电流）来表示。电流强度在数值上等于单位时间内通过导线某一截面的电荷量，用符号i表示。

$$i=\frac{\mathrm{d}q}{\mathrm{d}t}$$

式中 $\mathrm{d}q$——时间$\mathrm{d}t$内通过导线某一截面的电荷量，C。

大小和方向都不随时间变化的电流称为恒定电流，简称直流电流，采用大写字母I表

示，则

$$I=\frac{q}{t}$$

式中　q——时间 t 内通过导线某一截面的电荷量，C。

电流的单位是安培（简称安），用符号 A 表示；电荷量的单位为库仑（简称库），用符号 C 表示；时间的单位为秒，用符号 s 表示。当电流很小时，常用单位为毫安（mA）或微安（μA）；当电流很大时，常用单位为千安（kA）。它们之间的换算关系如下。

1A＝1000mA

1A＝1000000μA

1kA＝1000A

② 电流的实际方向与参考方向。电流不但有大小，而且还有方向。长期以来，人们习惯规定以正电荷运动的方向作为电流的实际方向。

在简单电路中，如图 1-9(a) 所示，可以直接判断电流的方向。即在电源内部，电流由负极流向正极，而在电源外部，电流则由正极流向负极，以形成一闭合回路。但在较为复杂的电路中，如图 1-9(b) 所示，电阻 R_5 的电流实际方向有时难以判定。

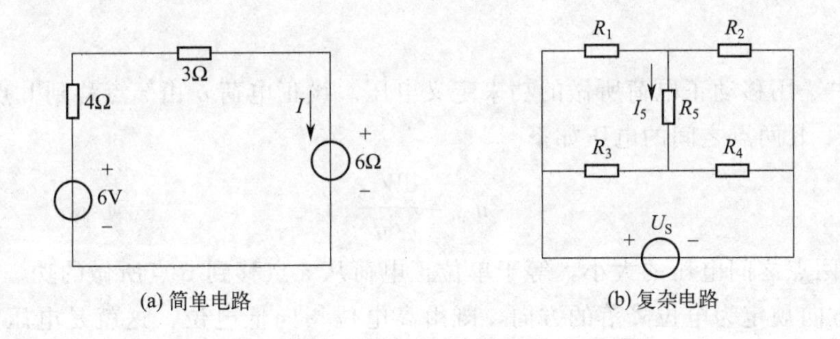

(a) 简单电路　　(b) 复杂电路

图 1-9　电流方向

由此可见，在分析、计算电路时，电流的实际方向很难预先判断出来，交流电路中的电流实际方向还在不断地随时间而改变，很难也没有必要在电路图中标示其实际方向。为了分析、计算的需要，引入了电流的参考方向。

在电路分析中，任意选定一个方向作为电流的方向，这个方向就称为电流的参考方向[如图 1-9(b) 中用实线表示的 I_5]，有时又称电流的正方向，当然，所选定的参考方向并不一定就是电流的实际方向。当电流的参考方向与实际方向相同时，电流为正值。反之，若电流的参考方向与实际方向相反，则电流为负值。这样，电流的值就有正有负，它是一个代数量，其正负可以反映电流的实际方向与参考方向的关系。因此电流的正、负，只有在选定了参考方向以后才有意义。

电流的参考方向一般用实线箭头表示，既可以画在线上，如图 1-10(a) 所示；也可以画在线外，如图 1-10(b) 所示；还可以用双下标表示，如图 1-10(c) 所示，I_{ab} 表示电流的参考方向是由 a 点指向 b 点。

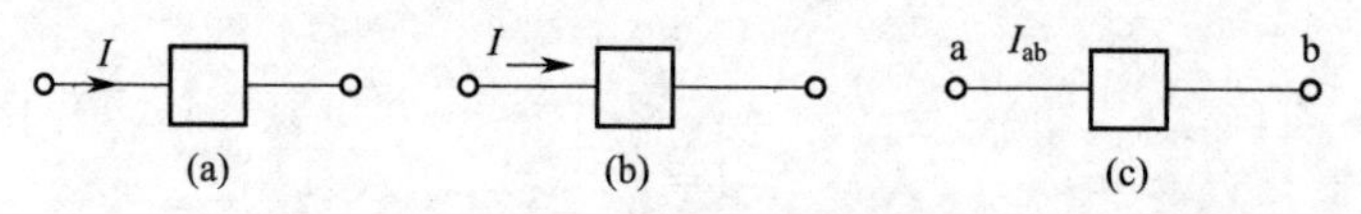

图 1-10　电流的参考方向

例： 电流的大小及参考方向如下图所示，试指出电流的实际方向。

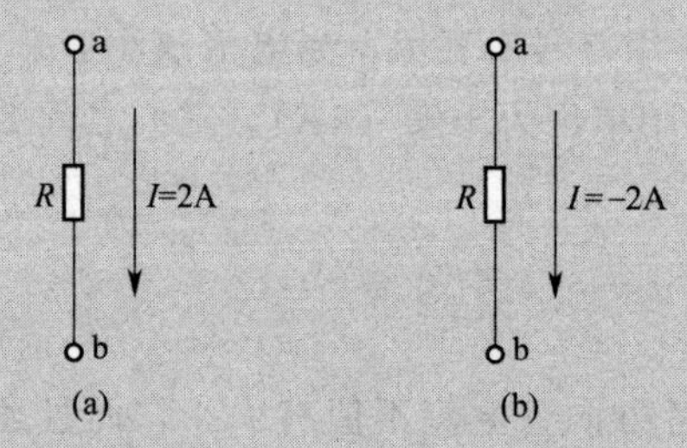

解： 图（a）中，因 $I=2\text{A}$，大于 0，说明电流的参考方向与实际方向一致，所以电流的实际方向为由 a 到 b。

图（b）中，因 $I=-2\text{A}$，小于 0，说明电流的参考方向与实际方向相反，因此电流的实际方向为由 b 到 a。

三、电压

在电路中，用移动正电荷所做的功来定义电压。设正电荷 q 由 a 点移到 b 点时所做的功为 W_{ab}，则 a、b 两点之间的电压如下。

$$u_{\text{ab}}=\frac{\mathrm{d}W_{\text{ab}}}{\mathrm{d}q}$$

即 a、b 两点之间电压的大小，等于单位正电荷从 a 点移到 b 点所做的功。

电压的方向规定为电位降落的方向，既由高电位指向低电位，这就是电压的实际方向，又称实际极性。若 $u_{\text{ab}}>0$，则电压的实际方向为由 a 到 b；反之，则为由 b 到 a。

同电流一样，在电路的分析计算中，有时不知道电压的实际方向，为了确定电压的准确值，也需要事先任意假定一个方向，这个方向称为电压的参考方向。电压的参考方向表示方法有三种：实线箭头表示法、极性表示法、双下标表示法，如图 1-11 所示。

U　a　b　(a) 实线箭头表示法　　+ U − a　b　(b) 极性表示法　　U_{ab} a　b　(c) 双下标表示法

图 1-11　电压的参考方向表示方法

在一段电路中，电流的参考方向和电压的参考方向互不影响，两者可设成一致，也可设为不同，但为了计算方便，往往把两者设成一致，这种参考方向称为关联参考方向。

例： 电压的参考方向如下图所示，试指出图中电压的实际极性。

− U=10V + a　b　(a)　　+ U=−10V − a　b　(b)

解： 图（a）中，电压的参考方向为由 b 指向 a，$U=10V$，说明参考方向与实际方向一致，所以电压的实际方向为由 b 指向 a。

图（b）中，电压的参考方向为由 b 指向 a，$U=-10V$，说明参考方向与实际方向相反，所以电压的实际方向为由 a 指向 b。

四、电位

在电路的分析计算中，除应用电压的概念外，还经常应用电位的概念。所谓电位，是指电路中某一点到参考点的电压，因此要计算电位必须先选择参考点，参考点是为了分析和计算的方便而人为选择的共同基准点。参考点的电位为零，因此参考点又称零电位点。

电位用字母 φ 表示。如 a 点的电位表示为 φ_a。一般用字母 o 表示参考点，参考点的电位用 φ_o 表示，即 $\varphi_o=0$。

根据电位的定义有

$$U_{ao}=\varphi_a-\varphi_o=\varphi_a$$
$$U_{bo}=\varphi_b-\varphi_o=\varphi_b$$

而

$$U_{ab}+U_{bo}=U_{ao}$$

移项得

$$U_{ab}=U_{ao}-U_{bo}$$

所以

$$U_{ab}=\varphi_a-\varphi_b$$

上式就是两点之间的电压与这两点电位的关系，也是计算电压与电位的基本关系式。由公式可知，两点之间的电压等于这两点之间的电位差，所以，电压又称电位差。若 $U_{ab}=0$，则$\varphi_a=\varphi_b$，称 a、b 两点是等电位点。

电位参考点是可以任意选择的，但在一个电路中只能选一个参考点。比参考点高的为正电位，比参考点低的为负电位。不选择参考点时说电位的高低是没有意义的，这正如“高度”问题，不定出基准（参考点），高度就失去了意义。

当参考点选择不同时，各点的电位也就不同。而参考点一旦选定，各点电位就确定了。

电压与电位是两个不同的概念，电位是相对的，与参考点的选择有关；而电压是绝对的，与参考点的选择无关。选择不同的参考点，各点电位升高或降低的数值相等，因此两点之间的电压不变。所以，两点之间的电压并不随参考点的改变而改变。

在工程上常选大地为参考点，使其电位为零，将各种电气设备的外壳接地，用符号“⊥”或“⏚”表示。这是因为大地是良导体，电位非常稳定，作为参考点十分可靠和方便。

进度检查

填空题

1. 目前人们能够测到的最大电流就是__________的电流。

2. 电荷的有规则的定向运动就形成了__________。

3. 大小和方向都不随时间变化的电流称为恒定电流，简称__________电流。

4. 同电流一样，在电路的分析计算中，有时不知道电压的实际方向，为了确定电压的准确值，也需要事先任意假定一个方向，这个方向称为电压的__________。

5. 电压与电位是两个不同的概念，电位是__________的，与参考点的选择有关，而电压是__________的。

编号 FJC-6-04

学习单元 1-4 电路的基本物理量——电动势、电功率、电源

学习目标：在完成本单元学习之后，能够理解电路的几种基本物理量；记住电路中常用的术语。

职业领域：化学、石油、环保、医药、冶金、建材等

工作范围：电工

一、电动势概述

我们已经知道形成电流的条件是导体两端必须有电压。发电机、电池等电源都能够在电路中产生和保持电压，把它们连接到闭合电路中，就能在电路中形成电流。

电压的产生可以有多种方式，但其本质是一样的，都是使不同极性的电荷分离。电荷分离（搬运）是非静电力对电荷做功的表现。而非静电力做功的“能力”是以消耗其他形式的能来实现的，如电池消耗化学能，热电偶元件消耗热能。非静电力做的功越多，电源把其他形式的能转化成电能越多，电源的这种能力用电动势来描述。

二、电动势的定义

（1）定义　在电源内部，非静电力将正电荷从电源负极移到正极所做的功 W 与电量 q 之比称为电动势，用 E 表示。

（2）公式

$$E=\frac{W_{F非}}{q}$$

（3）单位　功的单位为 J（焦耳），电荷的单位为 C（库仑），电动势的单位为 V（伏特）。即

$$1V=1J/C$$

（4）电动势的方向　电动势的方向规定为从电源负极（低电位）经电源内部指向正极（高电位）——电位升，如图 1-12 所示。

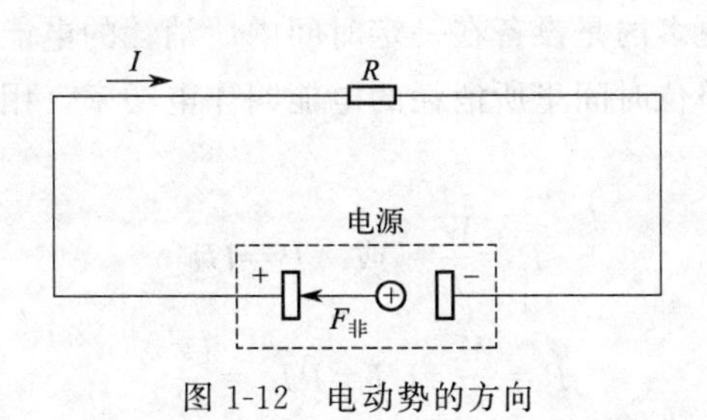

图 1-12　电动势的方向

三、电能和电功率

1. 电能

我们选用电气设备时都会考虑其消耗电量的情况，在符合使用要求的情况下，尽量选择耗电少的电器。那么，什么是电能？电能与哪些因素有关呢？

（1）定义　当电流通过负载将电能转化为其他形式的能时，我们就说电流做了功（称为电功）。若导体两端电压为 U，通过导体横截面积的电荷量为 q，电流做的功就是电路所消耗的电能。

（2）公式

$$W=qU=UIt$$

如果电路为纯电阻负载，还有：

$$W=I^2Rt=\frac{U^2}{R}t$$

（3）单位　电能的单位为焦（J），但在实际应用中常以千瓦时（kW·h）（俗称度）作为电能的单位。1kW·h 在数值上等于功率为 1kW 的用电器工作 1h 所消耗的电能。

$$\begin{aligned}1\text{度}&=1\text{kW}\cdot\text{h}=1000\text{W}\times3600\text{s}\\&=3.6\times10^6\text{W}\cdot\text{s}\\&=3.6\times10^6\text{J}\end{aligned}$$

（4）电能的测量　电流做功的过程实际是电能转换为其他形式能的过程。电能可以直接测量，图 1-13 所示为家用电能表及接线（俗称电度表），它是记录电路（用电设备）消耗电能的仪表。

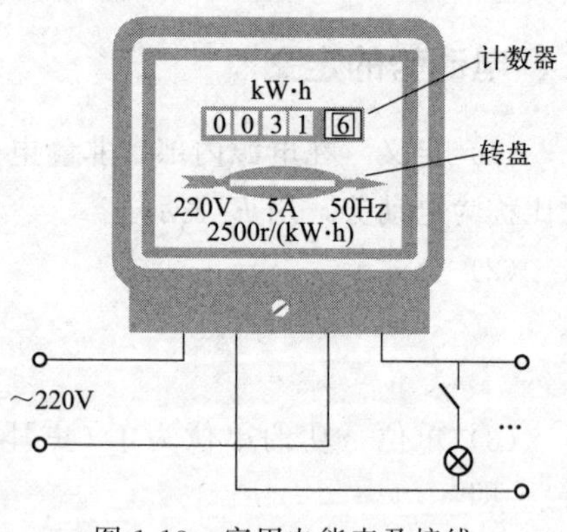

图 1-13　家用电能表及接线

电度表面板上计数器是用来记录电能多少的。计数器显示 5 个数字，最后一位是小数，其他分别是个位、十位、百位、千位。电度表面板上标有“2500r/(kW·h)”字样，是表示用电设备每消耗 1kW·h（1 度）电能时，电度表的转盘转过 2500r。利用这一点，记录下转盘转数和时间，也可粗略测出用电设备的功率。

2. 电功率

在实际应用中，考虑更多的是设备在一定时间内所消耗的电能。

（1）定义　用电设备单位时间里所消耗的电能叫作电功率，用字母 P 表示。

（2）公式

$$P=\frac{W}{t}\quad\text{或}\quad P=UI$$

$$P=\frac{W}{t}=UI=RI^2=\frac{U^2}{R}$$

（3）单位　电功率的单位是 W（瓦特），常用单位有 kW（千瓦）。

换算关系：

$$1kW = 1000W$$

(4) 电源的输出功率　若在电源内部，外力做功，使正电荷由低电位移向高电位，电流逆着电场方向流动，将其他能量转换为电能，其电功率为

$$P = EI$$

(5) 关于耗能元件与供能元件的判断　若 $P>0$，元件耗能，吸收能量（如负载）；若 $P<0$，元件供能，发出能量（如电源）。

(6) 额定功率和额定电压　用电设备上通常标明它的电功率和电压（称为额定功率和额定电压），以便正确使用。例如照明灯泡上标有“PZ220-60”的字样，表明这只普通照明灯泡使用在220V电压下，电功率为60W（其中，P和Z是“普”“照”汉语拼音的第一个字母）。

例： 一台微波炉额定功率是900W，每度电的电费为0.56元，求工作0.5h，电费为多少？

解： 微波炉消耗的电能为

$W = UIt = Pt = 0.9 \times 0.5 = 0.45(kW \cdot h)$

电费$=0.45 \times 0.56 = 0.252$(元)

进度检查

填空题

1. 形成电流的条件是导体两端必须有____________。
2. 电流做功的过程实际是______能转换为其他形式能的过程。
3. 用电设备单位时间里所消耗的电能叫作____________。
4. 绝缘体有可能变成____________。

素质拓展阅读

钟兆琳——中国电机之父

钟兆琳，号琅书，1901年8月23日生于浙江省德清市新市镇，1990年4月4日逝世于上海。

钟兆琳

钟兆琳先生是我国著名电机工程专家、电机工程教育家，1960年在西安加入九三学社，全国政协委员，中国电机工程学会创始人之一，中国电机工程学会终身荣誉会员，中国电工技术学会荣誉会员。

赤子爱国心

1923年，钟兆琳大学毕业，获学士学位。大学毕业后，他到上海沪江大学当了一年教师，于1924年到美国康奈尔大学电机工程系留学深造。

康奈尔大学电机工程系当时由著名教授卡拉比托夫主持。卡拉比托夫在众多的学生中

间发现了这位来自太平洋彼岸的黄皮肤青年的与众不同，他有着非凡的数学才能，数学考试几乎总是第一名。一位比钟兆琳年级还高的美国学生，数学考试常常不及格，竟然请钟兆琳去当小老师。钟兆琳的学位论文也深为导师所欣赏。所以，卡拉比托夫经常以钟兆琳的成绩和才能来勉励其他学生。1926 年春，钟兆琳获得康奈尔大学“电机工程硕士”学位。经导师卡拉比托夫推荐，他到美国西屋电气制造公司当了工程师。

1927 年，交通大学电机科科长张廷玺向钟兆琳发出邀请，热切希望他回国到交通大学电机科任教。当时正值钟兆琳在美国春风得意，事业鹏举，生活优裕之时，激荡的爱国之心使他毅然扔下在美国的一切，立即决定回国。钟兆琳很尊敬他的导师，将回国从教一事写信告诉了导师。导师理解他，支持他的正确选择，并在复信中说：“You are a teacher by nature（你是一位天生的教师）。”这句话一直被钟兆琳先生视为至宝。

一生钟爱教育事业的天才教育家

钟兆琳先生回到祖国后，担任交通大学电机科教授，主讲机械工程系的“电机工程”课程，同时主持电机科的电机实验及课程。在 30 届电机科学生的一致推崇下，钟兆琳先生接任了一直由外籍教授担纲主讲的“交流电机”课程。他是第一位讲授当时被认为世界上最先进、概念性极强并最难理解的课程之一——“电机学”的中国教授。

钟兆琳留美时曾在工厂工作过，深谙制造工艺，回国后又长期担任电机厂工程师和多个制造厂及公司的顾问与董事，实践经验非常丰富。所以他在讲课时，不仅讲理论，而且还介绍了一些生产中的经验。例如讲述电机是如何制造、计算的时候，他配以清晰的板书和图解，学生很快就对电机为何能运转理解得很透彻。凡是听过钟兆琳讲课的学生，无不称赞他讲课不仅理论上严格、系统、扎实，而且重视实验，理论联系实际很紧密。钟兆琳坚持的“好实践、恶空谈”，已成为他独有的教学思想。他认真负责的态度，引人入胜的启发式教学方法，赢得了学生们的一致好评。学生们说：“钟先生属于天才型教授，讲起书来如天马行空，行云流水，使人目不暇接”“得益之深，无可言喻”。其学生，著名科学家钱学森院士几十年后还赞扬钟兆琳“非常重视理论根底”，使他后来到美国麻省理工学院（MIT）和加州理工学院（CIT）学习及工作时也都用“理”去解决“工”中出现的新问题，钟兆琳的教诲和解决问题的方法使他受用终身。

模块 2　电阻与欧姆定律

编号 FJC-7-01

学习单元 2-1　电阻、电容和电感

学习目标： 在完成本单元学习之后，能够掌握电阻的定义、符号、作用、分类；了解电容、电感的定义、符号、分类、作用。

职业领域： 化学、石油、环保、医药、冶金、建材等

工作范围： 电工

一、电阻

1. 电阻和电阻率

当电流通过导体时，由于做定向移动的电荷会和导体内的带电粒子发生碰撞，所以导体在通过电流的同时也会对电流起阻碍作用，这种对电流的阻碍作用称为电阻。

导体的电阻常用 R 表示。在各种电路中，经常要用到具有一定电阻值的元件——电阻器，电阻器也简称电阻。电阻的电气符号如图 2-1 所示。

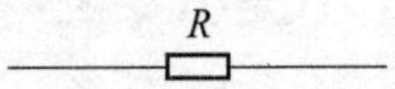

R

图 2-1　电阻的电气符号

电阻的单位是欧姆，简称欧，用符号 Ω 表示。比较大的单位还有千欧（kΩ）、兆欧（MΩ）。它们之间的换算关系为

$$1\text{k}\Omega=10^3\Omega$$

$$1\text{M}\Omega=10^3\text{k}\Omega=10^6\Omega$$

导体电阻是导体本身的一种性质。它的大小取决于导体的材料、长度和横截面积，可以按下式计算。

$$R=\rho\frac{L}{S}$$

式中　ρ——材料电阻率，Ω·m；

L——长度，m；

S——横截面积，m^2。

电阻率的大小反映了物体的导电能力，图 2-2 所示为典型物质的电阻率。电阻率很小、容易导电的物体称为导体；电阻率大、几乎不能导电的物体称为绝缘体。金属导体的电阻率一般为 $10^{-8}\sim10^{-6}\Omega\cdot\text{m}$，常见的绝缘体的电阻率一般为 $10^{8}\sim10^{18}\Omega\cdot\text{m}$。

从图 2-2 中可以看出，纯金属的电阻率小，导电性能好，所以连接电路的导线一般用电阻率小的铝或铜来制作。为了保证安全，电线的外皮，一些电工工具的手柄、外壳要用橡

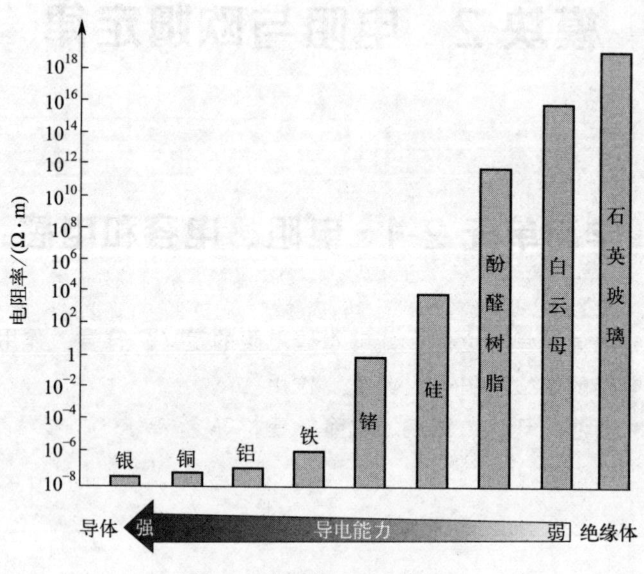

图 2-2　典型物质的电阻率

胶、塑料等绝缘材料制成。

除此之外，还有一类导电能力介于导体和绝缘体之间的物质——半导体。半导体的导电性能受外界条件的影响很大。由半导体材料制作的二极管、三极管等半导体元器件在现代电子通信技术中有着极其重要的应用。

小提示

纯净的水电阻率高，它是绝缘体，但日常使用的水都含有较多的可导电的杂质，普通自来水的电阻率仅有几十欧·米，导电性能较好。人体也是一个导体，皮肤干燥时的电阻约为 2kΩ，但如果皮肤潮湿或者有损伤，电阻值会急剧下降，只有 800Ω 左右。因此在用电时，禁止用湿手去拔插头或扳动电气开关，也不要用湿毛巾去擦拭带电的电气设备，以免触电。

2. 常用电阻器

电阻器的分类如表 2-1 所示。

表 2-1　电阻器的分类

类型	名称	外形	电路符号
固定电阻器	碳膜电阻器		
	绕线电阻器		
	金属膜电阻器		

续表

类型	名称	外形	电路符号
可变电阻器	滑动变阻器		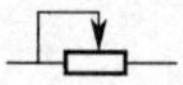
	带开关电位器		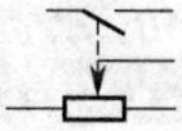
	微调电位器		

3. 电阻器的作用

（1）限流　为使通过用电器的电流不超过额定值或实际工作需要的规定值，以保证用电器的正常工作，通常可在电路中串联一个可变电阻。当改变这个电阻的大小时，电流的大小也随之改变。我们把这种可以限制电流大小的电阻叫作限流电阻。例如在可调光台灯的电路中，为了控制灯泡的亮度，在电路中接入一个限流电阻，通过调节接入电阻的大小，来控制电路中电流的大小，从而控制灯泡的亮度。

（2）分流　当在电路的干路上同时接入几个额定电流不同的用电器时，可以在额定电流较小的用电器两端并联接入一个电阻，这个电阻的作用是"分流"。

（3）分压　一般用电器上都标有额定电压值，若电源比用电器的额定电压高，则不可把用电器直接接在电源上。在这种情况下，可给用电器串接一个合适阻值的电阻，让它分担一部分电压，用电器便能在额定电压下工作。我们称这样的电阻为分压电阻。

（4）将电能转化为内能　电流通过电阻时，会把电能全部（或部分）转化为内能。用来把电能转化为内能的用电器叫电热器，如电烙铁、电炉、电饭煲、取暖器等。

4. 电阻器的主要参数

（1）标称阻值　电阻器上面所标示的标准电阻值。

（2）允许误差　标称阻值与实际阻值的差值与标称阻值之比的百分数称为允许误差，它表示电阻器的精度。允许误差与精度等级对应关系如下：±0.5%-0.05、±1%-0.1（或00）、±2%-0.2（或0）、±5%-Ⅰ级、±10%-Ⅱ级、±20%-Ⅲ级。

（3）额定功率　电阻器长期工作允许耗散的最大功率。

线绕电阻器额定功率系列：1/20W、1/8W、1/4W、1/2W、1W、2W、4W、8W、10W、16W、25W、40W、50W、75W、100W、150W、250W、500W。

二、电容

1. 电容的定义、结构和符号

电容器是常见的电子元器件，其外形如图2-3～图2-5所示。电容器，顾名思义，是

“装电荷的容器”。它一般由两块金属极板隔以不同的绝缘物质（如云母、绝缘纸、电解质等）组成，如图 2-6 所示。这两块金属极板称为电容器的两个极板，中间的绝缘材料称为电容器的介质。

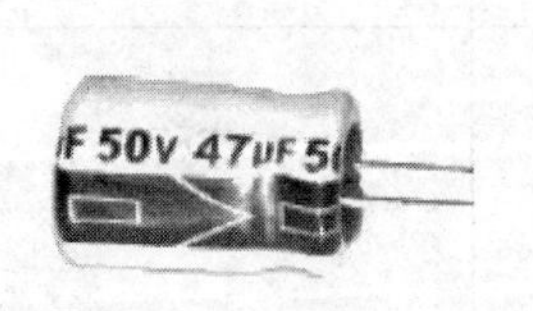
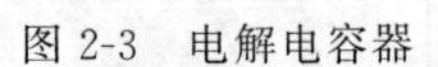

图 2-3　电解电容器

图 2-4　涤纶电容器

图 2-5　瓷片电容器

电容器的基本特性就是能存放电荷，如果在两个极板之间加上电压，两个极板上就会集聚不同类型的电荷，在介质中建立起电场，同时储存电场能量，这就是电容器充电的过程，如图 2-7 所示。电源移去后，电荷仍然聚集在极板上，电场仍然存在，所以电容器具有储存电荷的能力，是一种储能元件，如图 2-8 所示。当不再需要电场能的时候，将电容两端接上负载电路，就可以释放掉电荷，这就是放电过程，如图 2-9 所示。电容器在电工和电子技术中有着非常广泛的应用。

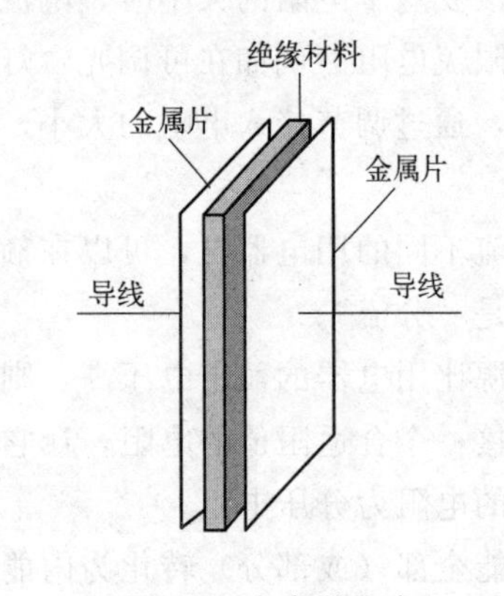

图 2-6　电容器组成

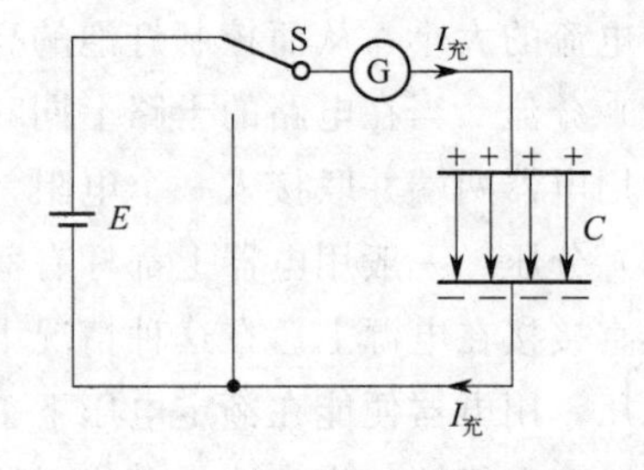

图 2-7　电容器充电过程

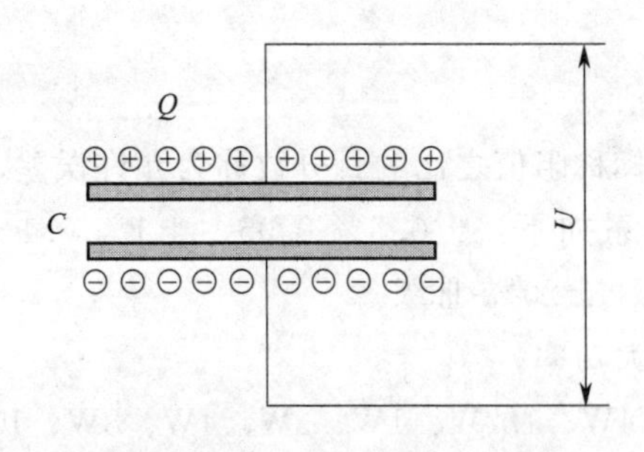

图 2-8　电容量定义

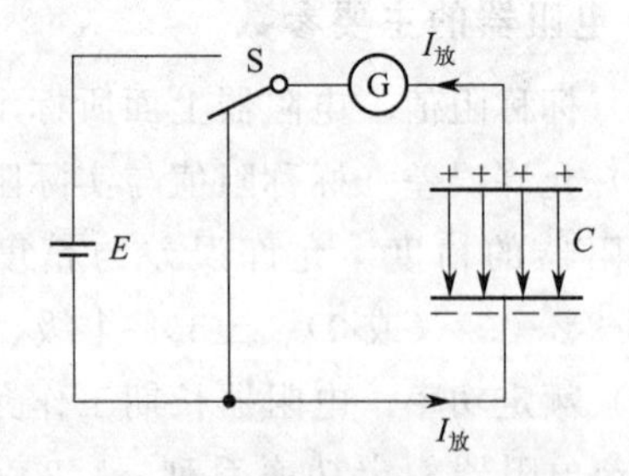

图 2-9　电容器放电过程

电容器存放电荷的能力称为电容量。实验证明，电容器极板上存放的电量 Q 与两极板之间的电压 U 的比值是一个常数，这个常数就是电容量，用 C 表示。

它们之间的关系：

$$C=\frac{Q}{U}$$

式中 C——电容量，F。

Q——电荷量，C。

U——电压，V。

电容量的国际单位 F 是一个非常大的单位，常用的较小的单位有微法（μF）和皮法（pF）。它们之间的换算关系：

$$1\text{F}=10^{6}\mu\text{F}$$

$$1\mu\text{F}=10^{6}\text{pF}$$

为了叙述方便，我们把电容器简称为电容，所以电容这个术语以及它的符号 C，既用来表示电容器，也用来表示这个元件的参数。

电容的电气符号如图 2-10 所示。

图 2-10 电容的电气符号

2. 电容器的分类

电容分为有极性电容和无极性电容两类，有极性电容最常用的是电解电容，无极性电容常用的有瓷片电容、涤纶电容等。

3. 电容器的作用

电容器具有隔断直流、连通交流、阻止低频的特性，广泛应用在耦合、隔直、旁路、滤波、调谐、能量转换和自动控制中。

当外接交流电时，电容器对交流电也会有阻碍作用。这个作用体现在电源与电容器之间的充电和放电时间，充放电时间与交流电的频率相关，可以简单概括为隔直流、通交流、阻低频、通高频。因此电容器也被称为高通元件。

4. 主要参数

电容器的主要参数有标称容量（简称容量）、允许偏差、额定电压等。

（1）标称容量 电容的标称容量是指标注在电容器上的电容量。在实际应用时，电容量在 1000pF 以上的，通常用微法作单位，例如 0.047μF、0.1μF、2.2μF、47μF、330μF、4700μF 等。电容量在 1000pF 以下的，通常用皮法作单位，例如 2pF、68pF、100pF、680pF、5600pF 等。

（2）允许偏差 允许偏差是指电容器的标称容量与实际容量之间的允许最大偏差范围。电容器的容量偏差与电容器介质材料及容量大小有关。电解电容器的容量较大，偏差范围大于±10%；而云母电容器、玻璃釉电容器、瓷介电容器及各种无极性高频有机薄膜介质电容器（如涤纶电容器、聚苯乙烯电容器、聚丙烯电容器等）的容量相对较小，偏差范围小于±20%。

（3）额定电压 额定电压也称电容器的耐压值，是指电容器在规定的温度范围内，能够连续正常工作时所能承受的最高电压。该额定电压值通常标注在电容器上。在实际应用时，电容器的工作电压应低于电容器上标注的额定电压值，否则会造成电容器因过压而击穿损坏。

（4）温度范围 电容器所确定的能连续工作的环境温度范围。

三、电感

1. 电感的含义

生活中常见的电动机、发电机、变压器等电气设备中的绕线电阻就是电感元件。电感器就是用导线绕制的空心线圈或具有铁芯的线圈，如图 2-11 和图 2-12 所示。它是能够把电能转化为磁能并存储起来的元件，在工程中有着广泛的应用。

图 2-11　空心电感器

图 2-12　有磁芯或铁芯的电感器

电感是衡量线圈产生电磁感应能力的物理量。给一个线圈通入电流，线圈周围就会产生磁场，线圈就有磁通量通过。通入线圈的电流越大，磁场就越强，通过线圈的磁通量就越大。实验证明，通过线圈的磁通量和通入的电流是成正比的，它们的比值叫自感系数，也叫电感。如果通过线圈的磁通量用 Φ 表示，电流用 I 表示，电感用 L 表示，那么

$$L=\frac{\Phi}{I}$$

式中　L——电感，H；

Φ——磁通量，Wb；

I——电流，A。

电感的常用单位有毫亨（mH）和微亨（μH）。它们的换算关系是：

$$1\text{H}=1\times10^{3}\text{mH}$$

$$1\text{mH}=1\times10^{3}\mu\text{H}$$

电感对非稳恒电流起作用，它的特点是两端电压正比于通过它的电流的瞬时变化率（导数），比例系数就是它的“自感”。

电感起作用的原因是它在通过非稳恒电流时产生变化的磁场，而这个磁场又会反过来影响电流，所以，任何一个导体，只要它通过非稳恒电流，就会产生变化的磁场，反过来就会影响电流，所以任何导体都会产生自感现象。

为了叙述方便，我们把电感元件简称为电感，所以电感这个术语以及它的符号 L，既用来表示电感元件，也用来表示这个元件的参数。

电感的电气符号如图 2-13 所示。

L

图 2-13　电感的电气符号

2. 电感的分类

按照外形，电感器可分为空心电感器（空心线圈）与实心电感器（实心线圈）。

按照工作性质，电感器可分为高频电感器（如各种天线线圈、振荡线圈）和低频电感器（如各种扼流圈、滤波线圈等）。

按照电感量，电感器可分为固定电感器和可调电感器。

3. 电感的作用

电感的特性与电容的特性正好相反，它具有阻止交流电通过而让直流电顺利通过的特性。当电感器外接交流电时，在电感线圈中要产生自感电动势，阻碍电流的变化。这个阻碍作用与频率的关系可以简单概括为通直流，阻交流，通低频，阻高频。因此电感也被称为低通元件。

通直流：在直流电路中，电感相当于一根导线，不起任何作用。

阻交流：在交流电路中，电感会有阻抗，整个电路的电流会变小，对交流有一定的阻碍作用。

电感器在电路中经常和电容一起工作，构成 LC 滤波器、LC 振荡器等。

进度检查

一、填空题

1. 一切导体都有阻碍电流的性质，这种性质叫导体的________，用字母________表示。600Ω=________ kΩ=________ MΩ。

2. 一根金属丝，将其对折后并起来，则电阻变为原来的________倍。

3. 电容器的电容为 20μF，原来带有 2.0×10^{-4}C 的电量。如果再给它增加 1.0×10^{-4}C 电量，这时该电容器的电容为________ μF，两板之间的电压将增加________ V。

4. 按电阻阻值是否可以调节把电阻分为________和________两类。

5. 按电阻导电能力不同把导体分为________、________和________三类。

6. 常用的有极性电容是________。

二、选择题（将正确答案的序号填入括号内）

1. 导体的电阻是导体本身的一种性质，它的大小（　　）。

A. 只决定于导体的材料　　B. 只决定于导体的长度

C. 只决定于导体的横截面积　　D. 决定于导体的材料、长度和横截面积

2. 一粗细均匀的镍铬丝，截面直径为 s，电阻为 R。把它拉制成直径为 $s/10$ 的均匀细丝后，它的电阻变为（　　）。

A. $R/1000$　　B. $R/100$　　C. $100R$　　D. $10000R$

3. 下列做法中，使电阻丝的电阻变大的是（　　）。

A. 把电阻丝拉长　　B. 把电阻丝对折

C. 把电阻丝剪掉一段　　D. 把电阻丝绕成螺线管

4. 白炽灯长期使用后，钨丝会变细，变细后的钨丝与原来相比（　　）。

A. 熔点变低　　B. 密度变小　　C. 比热容变大　　D. 电阻变大

5. 某电容器的电容为 C，如不带电，它的电容是（　　）。

A. 0　　B. C　　C. 小于 C　　D. 大于 C

6. 有一电容为 30μF 的电容器，接到直流电源上对它充电，这时它的电容为 30μF，当它不带电时，它的电容是（　　）。

A. 0　　B. 15μF　　C. 30μF　　D. 10μF

7. 下面对电容器的说法正确的是（　　）。

A. 电容器的电容量 C 的大小与外加电压 U 成反比，与电荷量成反比

B. 电容器的电容量 C 的大小与外加电压 U 的变化率成正比

C. 电容器的电容量 C 与电容器本身的几何尺寸及介质有关

D. 电容器的电容量 C 与所储存的电荷量成正比

8. 某电容器两端电压为 40V，它所带的电量为 0.4C，若把它两端电压降为 20V，（　　）。

A. 电容器的电容降低一半

B. 电容器的电容保持不变

C. 电容器的电荷量保持不变

D. 电容器所带的电荷量是指每个极板所带电荷量的绝对值

9. 当线圈中通入__________时，就会引起自感现象（　　）。

A. 不变的电流　　B. 变化的电流　　C. 电流　　D. 无法确定

编号 FJC-7-02

学习单元 2-2　欧姆定律

学习目标： 在完成本单元学习之后，能够掌握欧姆定律的内容及公式，应用欧姆定律公式进行简单的计算。

职业领域： 化学、石油、环保、医药、冶金、建材等

工作范围： 电工

一、欧姆定律

欧姆定律的内容：流过电阻的电流与电阻两端的电压成正比。

其表达式：

$$I=\frac{U}{R}$$

式中　I——电流，A。

U——电压，V。

R——电阻，Ω。

以上定律中所涉及的电路不包括电源。这种只含有负载而不包含电源的电路称为部分电路 。这一定律也称为部分电路欧姆定律。

部分电路欧姆定律的计算公式还与参考方向有关。当我们研究的电流与电压方向不是实际方向，而是参考方向，只有电流与电压的参考方向为关联参考方向时，这个公式才成立。

二、不同参考方向时欧姆定律的表述和公式

① 在 U、I 的参考方向一致时，如图 2-14 所示。

欧姆定律的表达式：

$$I=\frac{U}{R}$$

② 在 U、I 的参考方向不一致时，如图 2-15 所示。

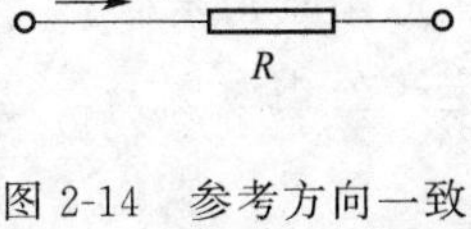

图 2-14　参考方向一致

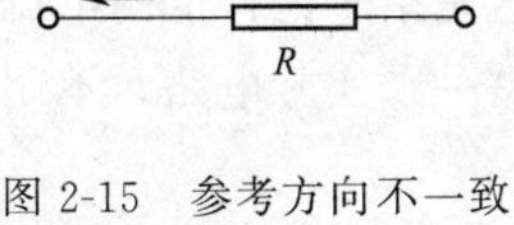

图 2-15　参考方向不一致

欧姆定律的表达式：

$$I=-\frac{U}{R}$$

应当指出：①元件上的电流与电压均为实际方向时，直接应用公式 $I=\frac{U}{R}$ 即可。

②元件上的电流与电压为参考方向时，在使用欧姆定律之前，只有先判断电流与电压的参考方向是否一致，才能选择正确的公式。

例： 下图中，求 $R=?$

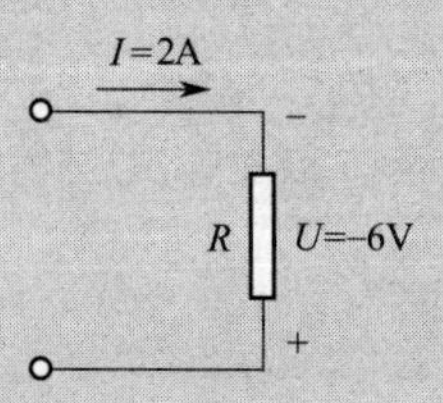

解： U、I 为非关联参考方向。

适用公式

$$I=-\frac{U}{R}$$

$$R=-\frac{U}{I}$$

代入数值，可得　$R=-\frac{-6}{2}=3(\Omega)$

例： 下图中，求 $R=?$

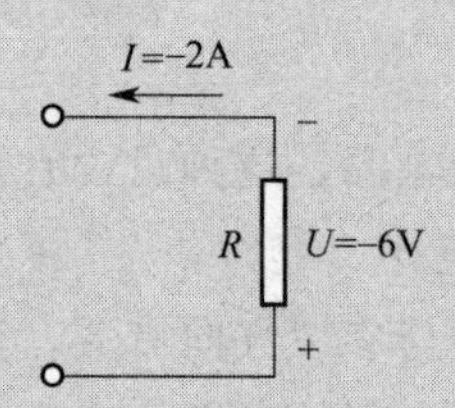

解： U、I 为关联参考方向。

适用公式

$$I=\frac{U}{R}$$

$$R=\frac{U}{I}$$

代入数值，可得　$R=\frac{-6}{-2}=3(\Omega)$

例： 阻值为 10Ω 的用电器，正常工作时的电流为 0.3A，求用电器两端的电压？

解： 这是单个元件上的电流、电压、电阻之间的关系，适用欧姆定律。

这又是一个实际电路，不用考虑方向问题，所以欧姆定律公式为

$$R=\frac{U}{I}$$

当接入的电阻是 10Ω，电流为 0.3A 时，电阻两端电压为

$$U=IR=0.3\times10=3(\text{V})$$

进度检查

一、填空题

1. 欧姆定律的数学表达式是________，公式中的三个物理量 I、U、R 的单位分别是________、________、________。

2. 某导体的电阻是40Ω，通过它的电流是200mA，则这个导体两端的电压是______V。

3. 加在导体两端的电压是3V，通过它的电流是200mA，则这个导体的电阻是________Ω。如果该导体两端的电压增大到9V，通过导体的电流是________A，导体的电阻是________Ω。

4. 用欧姆定律计算结果 $I<0$，说明电路中设定的电流参考方向与实际方向________。如果相同，则 I________0。

5. 若导体两端电压为6V时，通过它的电流强度是0.1A，则该导体的电阻大小为________Ω；若该导体两端电压为3V，则通过它的电流强度为________A；若两端电压为零，则该导体的电阻为________Ω。

6. 在电压不变的电路中，当电阻增加10Ω时，电流强度变为原来的4/5，则原来的电阻是________Ω。

二、选择题

对欧姆定律公式 $U=IR$ 的理解，下面哪一句话是错误的？(　　)

A. 对某一段导体来说，导体中的电流与它两端的电压成正比

B. 在相同电压的条件下，不同导体中的电流与电阻成反比

C. 导体中的电流既与导体两端的电压有关，也与导体的电阻有关

D. 因为电阻是导体本身的一种性质，所以导体中的电流只与导体两端的电压有关，与导体的电阻无关

三、计算题

下图中，已知 $I_1=1\text{A}$，$I_2=2\text{A}$，$I_3=-3\text{A}$，求 U_{R1}、U_{R2}、U_{R3}。

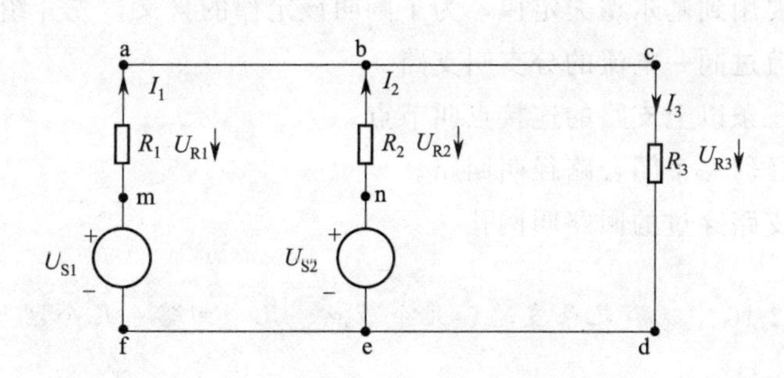

编号 FJC-7-03

学习单元 2-3　基尔霍夫定律

学习目标： 在完成本单元学习之后，理解支路、节点、回路、网孔等基本概念，掌握基尔霍夫第一定律、第二定律的内容、公式，能应用 KCL 和 KVL 定律列出公式，解决简单计算问题。

职业领域： 化学、石油、环保、医药、冶金、建材等

工作范围： 电工

一、基本概念

对简单的直流电路使用欧姆定律能够分析其电压、电流等物理量。对于复杂电路，如图 2-16 所示的混联电路，不止一个电源，就无法直接用串联或并联电路的规律求出整个电路的电阻、电流、电压等值，这样的电路称为复杂电路，如图 2-16 所示。

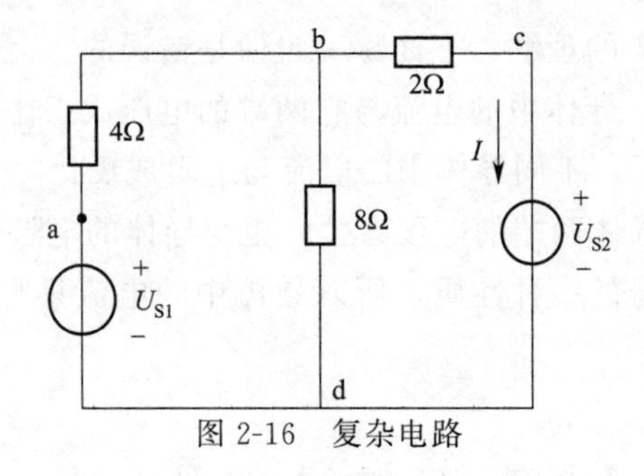

图 2-16　复杂电路

分析复杂电路要用到基尔霍夫定律，为了阐明该定律的含义，先介绍几个有关的术语。

支路：电路中流过同一电流的分支叫支路。

节点：三条或三条以上支路的连接点叫节点。

回路：电路中任何一个闭合路径叫回路。

网孔：中间无支路穿过的回路叫网孔。

练习： 在图 2-16 中，有几条支路、几个节点、几个回路、几个网孔？

二、基尔霍夫第一定律

基尔霍夫第一定律又称节点电流定律，简称 KCL。

其内容表述为在任意时刻通过电路中任一节点的电流的代数和为 0。

写作

$$\Sigma i_{进} - \Sigma i_{出} = 0$$

在直流电路中写作

$$\Sigma I_{进}-\Sigma I_{出}=0$$

例：下图中，设流入O取正，流出取负，请列出计算式。

解：列式为

$$I_1+I_3-I_2-I_4-I_5=0$$

注意：用这种表述列方程，必须假设流入与流出节点电流的符号不同。如果流入为正，那么流出就为负；如果流入为负，那么流出就为正。

例：下图电路中，$I_1=2\text{A}$，$I_2=-3\text{A}$，$I_3=-2\text{A}$，求电流I_4。

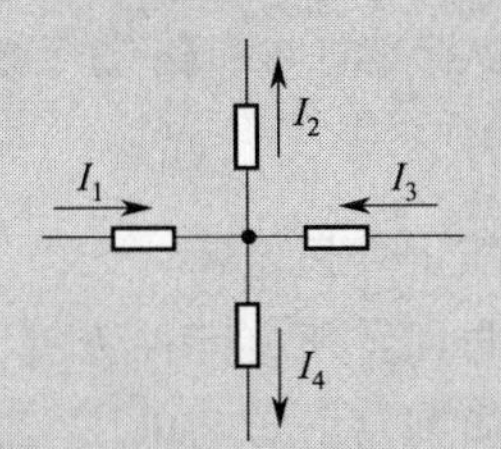

解：由基尔霍夫第一定律可知

$$I_1+I_3=I_2+I_4$$

所以
$$I_4=I_1+I_3-I_2$$

代入已知值
$$I_4=2+(-2)-(-3)$$

可得
$$I_4=3\text{A}$$

特别提示：① KCL是电荷守恒和电流连续性原理在电路中任意节点处的反映。

② KCL是对支路电流施加的约束，与支路上所接元件无关。

③ KCL方程是按照电流参考方向列写的，与电流实际方向无关。

三、基尔霍夫第二定律

基尔霍夫第二定律又叫回路电压定律，简称KVL。

KVL定律指出：在任一时刻，对任一闭合回路，沿着回路绕行方向上的各段电压的代数和为零，如图2-17所示。其数学表达式如下。

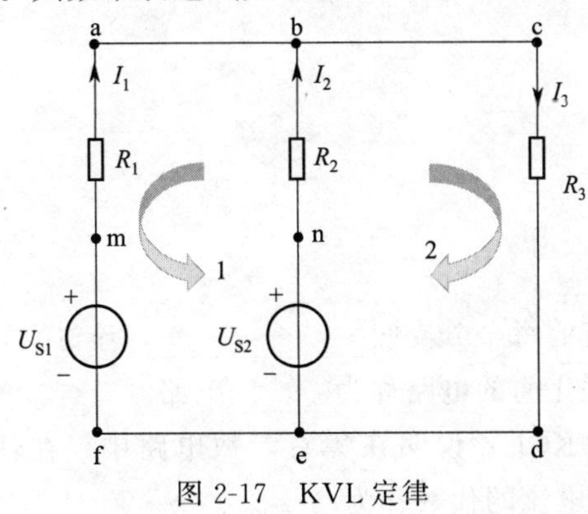

图2-17 KVL定律

$$\Sigma U=0$$

在直流电路中，表述为

$$\Sigma U=0$$

例：列出图 2-17 中回路 1 和回路 2 的 KVL 方程。

解：标定各电阻元件电流参考方向和电源的极性，选定回路绕行方向。

对回路 1：

$$U_{S1}-U_{S2}+I_2R_2-I_1R_1=0$$

对回路 2：

$$-U_{S2}+I_2R_2+I_3R_3=0$$

应当指出：在列写回路方程时，首先要标定电压参考方向，其次是为回路选取一个回路“绕行方向”。通常规定，对参考方向与回路绕行方向相同的电压取正号，对参考方向与回路绕行方向相反的电压取负号。

特别提示：①KVL 是电路遵循能量守恒定律。

②KVL 是对回路电压的约束，与回路所接元件无关。

③KVL 方程是按照电压参考方向列写的，与电压实际方向无关。

练习： 图 2-17 中还有回路吗？试着列写其 KVL 方程。

拓展：基尔霍夫第二定律也可以推广应用于不完全由实际元件构成的假想回路。

例：列出下图所示电路的回路电压方程。

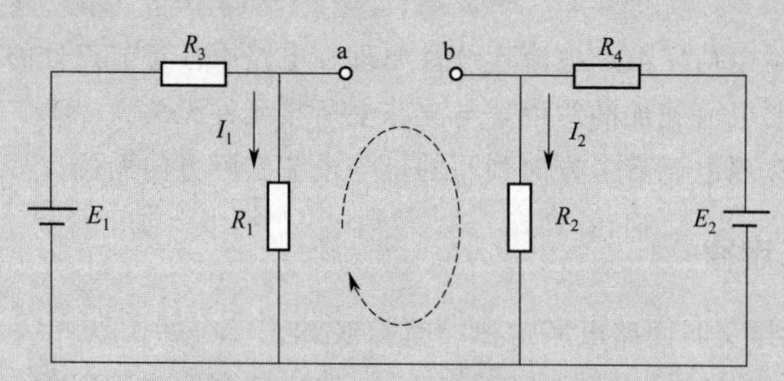

解：虽然 a、b 两点并不闭合，但仍可将 a、b 两点之间电压列入回路电压方程，可得：

$$\Sigma U=U_{ab}+I_2R_2-I_1R_1=0$$

进度检查

一、填空题

1. 电路中流过同一电流的每个分支叫____________，流过支路的电流称为__________。

2. 不能用电阻串、并联化简的电路称为______电路。

3. 基尔霍夫电流定律（KCL）说明在集总参数电路中，在任一时刻，流出（或流入）任一节点或封闭面的各支路电流的代数和为______。

4. 基尔霍夫电压定律（KVL）说明在集总参数电路中，在任一时刻，沿任一回路绕行一周，各元件的电压代数和为______。

二、选择题

1. 下图中节点数、支路数、回路数及网孔数分别为（　　）。

A. 1、3、3、2　　B. 2、5、2、3　　C. 2、4、2、3

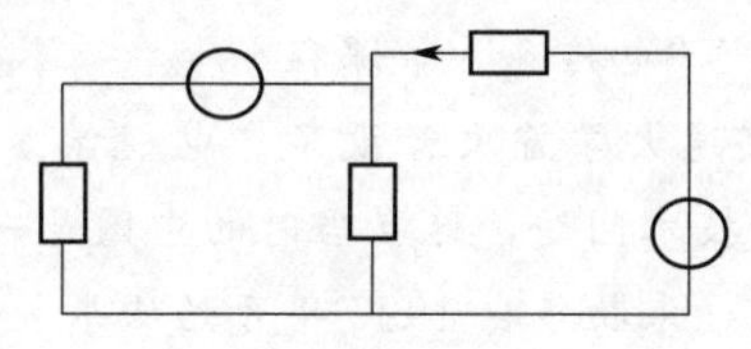

2. 下图中 $I=$（　　）A。

A. 2　　B. 7　　C. 5　　D. 6

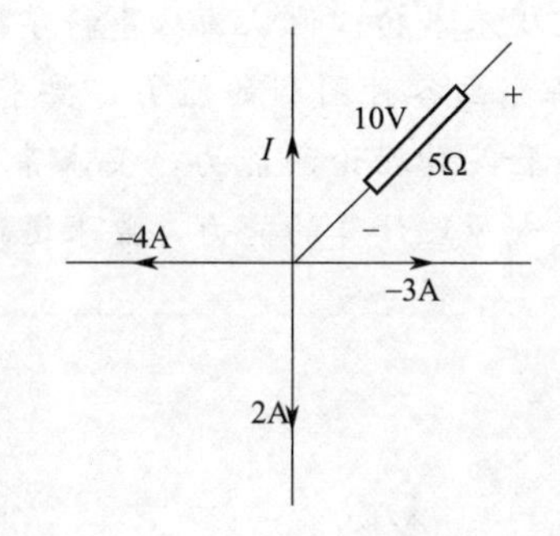

三、计算题

求下图中 I_1 和 I_2 的大小。

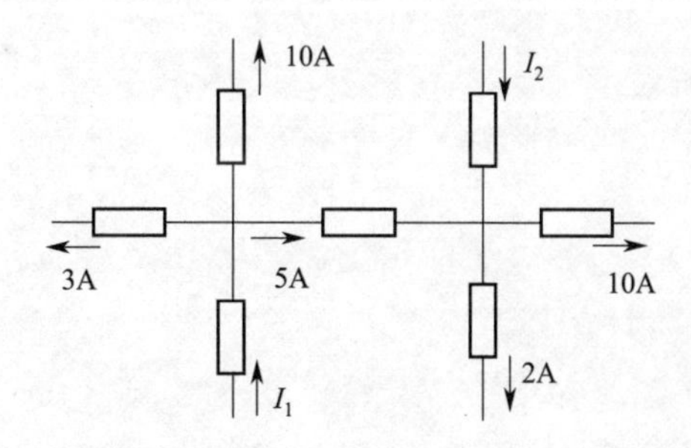

素质拓展阅读

电子学科奠基者——朱物华

朱物华是我国著名的无线电电子学家、水声工程专家，也是我国电子学科与水声学科奠基人之一。

1923 年，朱物华赴美留学，进入麻省理工学院电机系，他的研究课题是“水银整流器的耗电计算”。1924 年，朱物华考入哈佛大学，并于 1925 年获哈佛大学电机系硕士学位，继而攻读博士学位。1926 年，朱物华以论文《广义网络瞬态及在电滤波器中的应用》

获美国哈佛大学博士学位，这是电子学科领域中的一个重大突破。1927 年 8 月，朱物华怀着报效祖国的迫切心情，取道马赛回国，受聘于广州中山大学，任物理系教授，走上了教书育人的岗位。1933 年，朱物华转到北京大学，任物理系教授。“七七事变”爆发后，北平沦陷，北京大学等迁至云南昆明，改称国立西南联合大学。朱物华随校南迁，先后讲授“电力传输”和“无线电原理”等课程。抗日战争结束后，他应上海交通大学之聘，任电机系教授，开设了“电视学”“电传真”等课程。

1946 年，朱物华在上海交通大学首次开设了“电视学”等课程，主要讲授天线、发送、接收、显示设备等理论和技术问题，这在当时的中国是一个了不起的创举，为国家培养了许多电子工业领域的人才。朱物华自 1927 年开始从事教学和研究工作，60 多年培养了大批科学技术人才，他的学生如杨振宁、马大猷、刘恢先、严恺、张维、邓稼先等，都是国内外著名学者。

朱物华在教学活动中十分重视基本功，他认为从事科学技术工作的青年必须打好扎实的基础。一是要练好绘图功，培养画各种图形的能力，要求把实在的物体形象地描绘出来；二是要练好实验功，培养检验某种理论的能力，要求亲自动手操作，不能眼高手低；三是要练好运算功，培养按公式或原理计算的能力，要求迅速、准确、没有差错。

模块3　电信号转换

编号 FJC-8-01

学习单元3-1　电阻串并联、分流分压

学习目标： 在完成本单元学习之后，掌握电阻串并联、分流分压的基本概念；掌握电阻串并联计算方法。

职业领域： 化学、石油、环保、医药、冶金、建材等

工作范围： 电工

一、电阻串联分压的知识

1. 串联分压原理

串联电路是指将元件在电路中逐个顺次串接起来构成的电路，如图3-1所示。

在串联电路中，各电阻上的电流相等，各电阻两端的电压之和等于电路总电压。可知每个电阻上的电压小于电路总电压，故串联电阻分压。分压电阻是指与某一电路串联的导体的电阻。分压电阻的阻值越大，分压作用越明显。

分压原理，指的是在串联电路中，各电阻上的电流相等，各电阻两端的电压之和等于电路总电压。分压原理的公式：

$$\frac{R_1}{R_2}=\frac{U_1}{U_2}$$

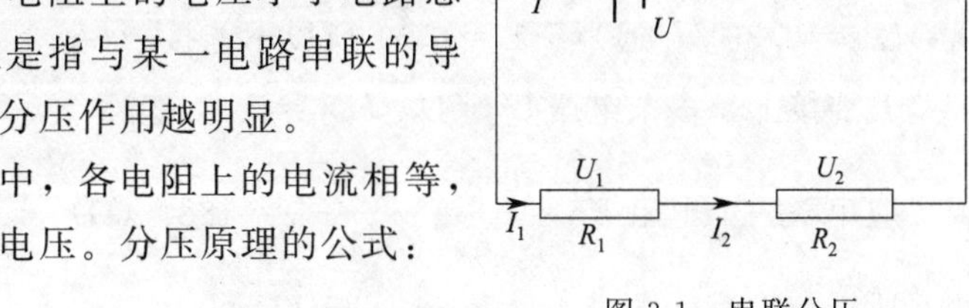

图3-1　串联分压

特点：

$I=I_1=I_2=\cdots=I_n$

$U=U_1+U_2+\cdots+U_n$（串联分压）

性质：

$R=R_1+R_2+\cdots+R_n$

$\frac{U_1}{R_1}=\frac{U_2}{R_2}=\cdots=\frac{U_n}{R_n}$

$\frac{P_1}{R_1}=\frac{P_2}{R_2}=\cdots=\frac{P_n}{R_n}$

2. 检流计改装成电压表

检流计是指根据可动线圈的偏转量来测量微弱电流或电流函数的仪器，如图3-2所示。最普通的检流计包括一个小线圈，悬挂在永磁铁两极之间的金属带上。电流通过线圈产生磁

场，与永磁铁的磁场相互作用产生转矩或扭力。线圈上连着一根指针或一面反射镜。线圈在转矩作用下旋转，旋转一定角度后与支撑部分的扭力相平衡。此角度即可用来度量线圈内通过的电流。角度用指针的转动或镜面反射光线的偏转来测定。

图 3-2　检流计

电流表的满偏电流是指电流表测量的最大电流。电压表的满偏电压是指电压表测量的最大电压。

利用分压原理可以将检流计改装成电压表。

例： 下图中，检流计内阻 $R_g=120\Omega$，满偏电流 $I_g=3\text{mA}$，能接在电压 $U=6\text{V}$ 的电源上吗？若不能，给出可用的电阻，你能使它接在电源上吗？

分析：

① 能求出检流计的满偏电压吗？

② 多余的电压怎么处理？

③ 多大的电阻能分担多余的电压？

④ 求出这个分压电阻。

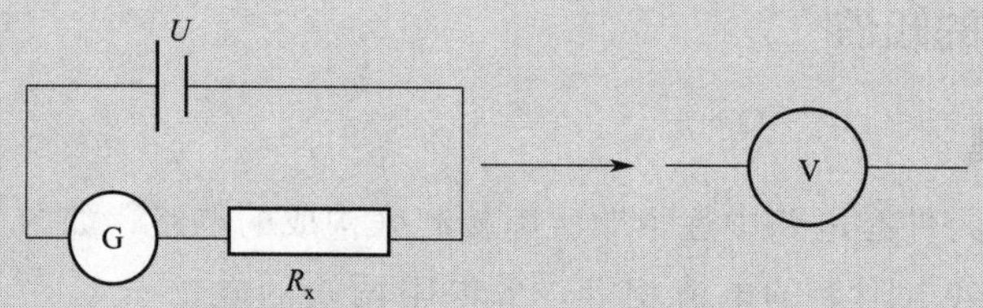

解： $U_{满}=I_{满}R=3\times10^{-3}\times120=0.36\text{（V）}$

$U_{满}=0.36\text{V}$，远小于 $U=6\text{V}$，所以不能接。

若要接上，多余电压 $U_x=U-U_{满}=5.64\text{（V）}$。

应串联一个电阻 $R_x=\dfrac{U_x}{I_{满}}=\dfrac{5.64}{3\times10^{-3}}=1880\text{（}\Omega\text{）}$。

所以与检流计串联一个 $R_x\geqslant1880\Omega$ 即可。

例： 下图为实验室常用的具有两个量程的电压表原理图，当使用 O、A 两个接线柱时，量程为 3V；当使用 O、B 两个接线柱时，量程为 15V。已知检流计内阻 $R_g=500\Omega$，满偏电流 $I_g=100\mu\text{A}$。求分压电阻 R_1 和 R_2 的阻值。

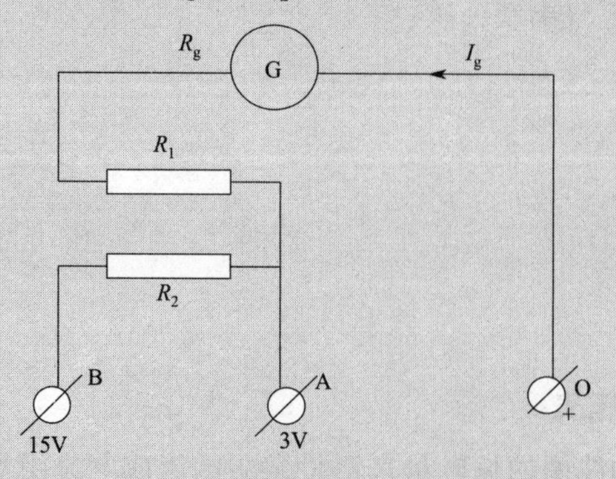

解：根据已知条件，满偏时检流计两端的电压为

$$U_g = R_g I_g = 500 \times 0.0001 = 0.05(\text{V})$$

根据串联电路特点，量程为3V时，R_1 两端的电压为

$$U_{R1} = 3 - U_g = 3 - 0.05 = 2.95(\text{V})$$

所以 $R_1 = U/I = 2.95 \div 0.0001 = 29500$（Ω）

根据串联电路特点，量程为15V时，R_2 两端的电压为

$$U_{R2} = 15 - U_{R1} - U_g = 15 - (29500 + 500) \times 0.0001 - 12(\text{V})$$

所以 $R_2 = U/I = 12 \div 0.0001 = 120000$（Ω）$= 120$（kΩ）

二、电阻并联分流的知识

1. 并联分流原理

将元件逐个并列连接起来的电路叫并联电路，如图3-3所示。

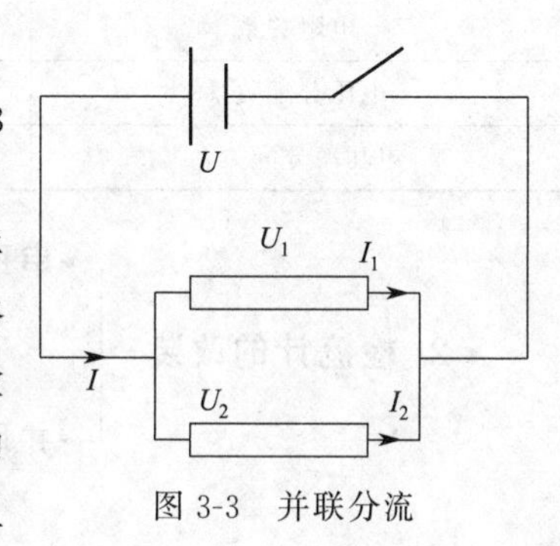

图3-3 并联分流

在总电流不变的情况下，在某一电路上并联一个分路将能起到分流作用，部分电流由分路通过，使通过该部分电路的电流变小。分流电阻的阻值越小，分流作用越明显。在检流计线圈两端并联一个低阻值的分流电阻，就能使检流计的量程扩大，改装成安培表（电流表），可量度较大的电流。阻值的选择直接影响分流电流比例。

特点：

$U = U_1 = U_2 = \cdots = U_n$

$I = I_1 + I_2 + \cdots + I_n$

性质：

$\dfrac{1}{R} = \dfrac{1}{R_1} + \dfrac{1}{R_2} + \cdots + \dfrac{1}{R_n}$

$I_1 R_1 = I_2 R_2 = \cdots = I_n R_n$

$P_1 R_1 = P_2 R_2 = \cdots = P_n R_n$

2. 检流计改装成电流表

利用分流原理可以将检流计改装成电流表。

例：已知检流计的内阻 R_g 如下图所示，满偏电流为 I_g，若把这个检流计改装成量程为 I 的电流表，则在检流计上并联一个多大的电阻？

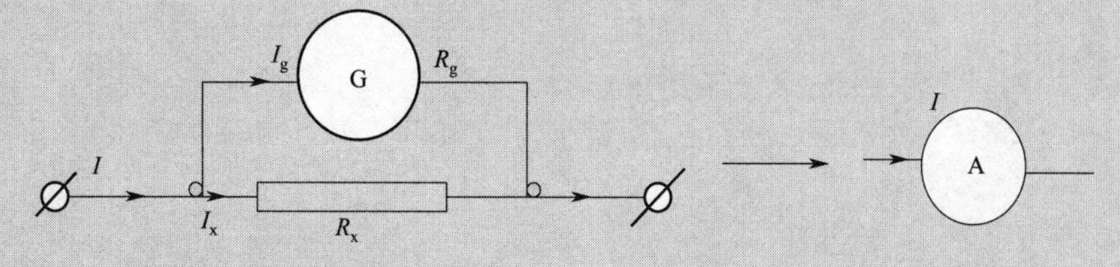

解：$I_gR_g=(I-I_g)R_x \longrightarrow R_x=\dfrac{I_gR_g}{I-I_g}$

三、小结

1. 串联分压、并联分流

串并联电路的电流、电压、电阻关系见表 3-1。

表 3-1 串并联电路的电流、电压、电阻关系

项目	串联电路	并联电路
电流关系	$I=I_1=I_2$	$I=I_1+I_2$
电压关系	$U=U_1+U_2$	$U=U_1=U_2$
电阻关系	$R=R_1+R_2$	$1/R=1/R_1+1/R_2$
电压分配关系	$U_1/R_1=U_2/R_2$	$I_1R_1=I_2R_2$
电功率分配关系	$P_1/R_1=P_2/R_2$	$P_1R_1=P_2R_2$

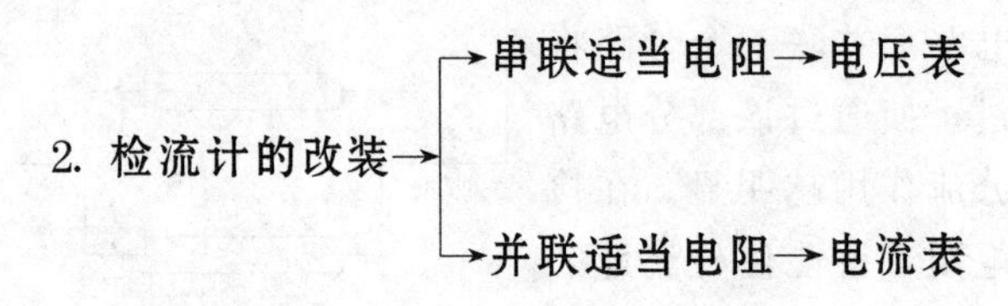

进度检查

下图为实验室常用的具有两个量程的电流表原理图，当使用 O、A 两个接线柱时，量程为 0.6A；当使用 O、B 两个接线柱时，量程为 3A。已知检流计内阻 $R_g=200\Omega$，满偏电流 $I_g=100\text{mA}$。求分流电阻 R_1 和 R_2 的阻值。

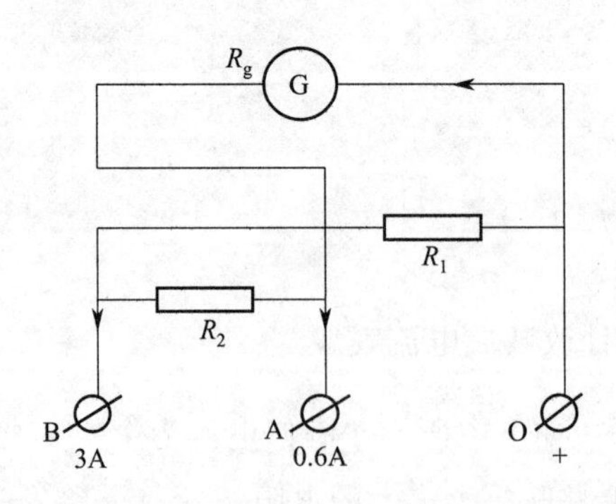

编号 FJC-8-02

学习单元 3-2　光敏与热敏器件

学习目标： 在完成本单元学习之后，掌握光敏电阻的阻值随光照变化的特性及应用，热敏电阻的温度特性。

职业领域： 化学、石油、环保、医药、冶金、建材等

工作范围： 电工

一、光电效应

1. 概述

光电传感器的功能是将被测量的变化通过光信号变化转换成电信号，具有这种功能的材料称为光敏材料，做成的器件称为光敏器件。

光敏器件种类很多，在计算机、自动检测及控制系统中应用非常广泛。

常见光敏器件包括光电管、光敏二极管、光敏三极管、光敏电阻、光电池、光电倍增管、光电耦合器，如图 3-4 所示。

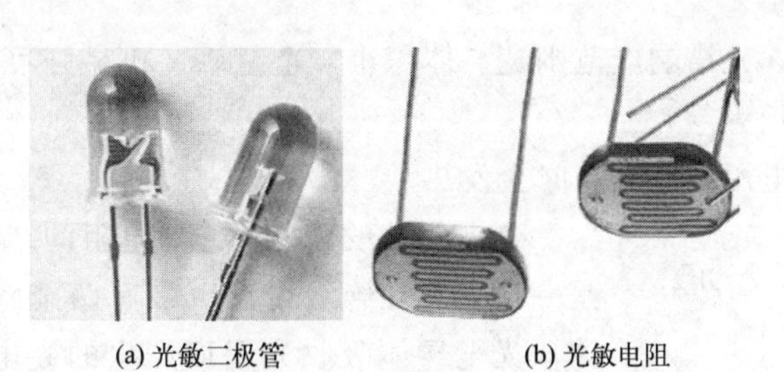

(a) 光敏二极管　　(b) 光敏电阻

图 3-4　常见光敏器件

2. 光电效应分类

光电效应是一个很重要而又神奇的现象，简单来说，指在一定频率光子的照射下，某些物质内部的电子会被光子激发出来形成电流，从能量转化的角度来看，这是一个光能转化为电能（光生电）的过程。

光照射到金属上，引起物质的电性质发生变化，这类现象统称光电效应。光电效应分为光电子发射、光电导效应和阻挡层光电效应（阻挡层光电效应又称光生伏特效应）。

在光线的作用下，物体内的电子逸出物体表面向外发射的现象称为外光电效应（光电子发射）。这些向外发射的电子叫作光电子。基于外光电效应的光敏器件有光电管、光电倍增管等。

当光照射在物体上，使物体的电阻率 ρ 发生变化，或产生光生伏特的现象叫作内光电效应，它多发生于半导体内。根据工作原理的不同，内光电效应分为光电导效应和光生伏特效

应两类。

在光线作用下，电子吸收光子能量从键合状态过渡到自由状态，而引起材料电导率发生变化，这种现象被称为光电导效应。基于这种效应的光敏器件有光敏电阻。

光生伏特效应是半导体材料吸收光能后，在PN结上产生电动势的效应。

为什么PN结会因光照产生光生伏特效应呢？

如图3-5所示，当光照射在PN结上时，如果电子能量足够大，可激发出电子-空穴对，在PN结内电场的作用下，空穴移向P区，而电子移向N区，使P区和N区之间产生电压，这个电压就是光生电动势。形成的电流就是光电流 I_g，光照越强，光电流越大。

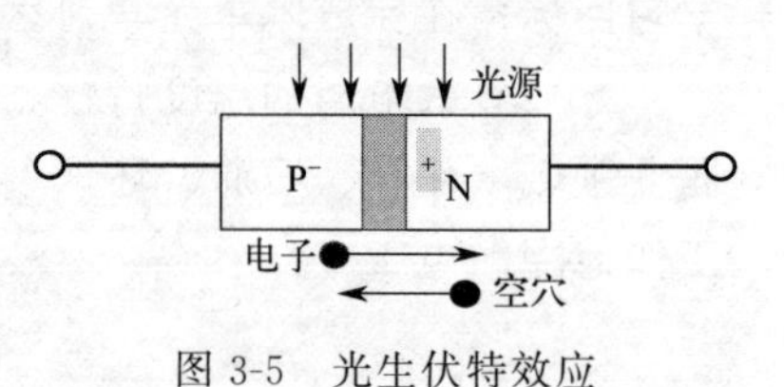

图3-5　光生伏特效应

无光照时，反向电阻很大，反向电流很小。光电流方向与反向电流方向一致。具有这种性能的器件有光敏二极管（图3-4）、光敏三极管。从原理上讲，不加偏压的光电二极管就是光电池。

二、常见光敏器件

（一）光敏电阻

1. 光敏电阻简介

光敏电阻的工作原理是基于光电导效应的，光敏电阻又称光导管，它是纯电阻元件，其阻值随光照增强而减小。

优点：灵敏度高、光谱响应范围宽、体积小、重量轻、机械强度高、耐冲击、耐振动、抗过载能力强和寿命长等。

缺点：需要外部电源，有电流时会发热。

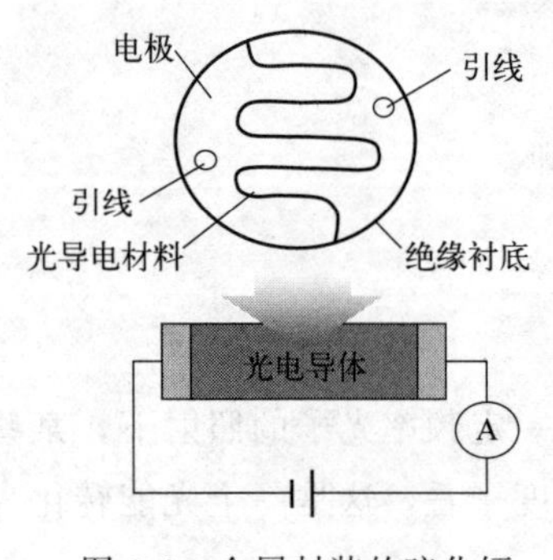

图3-6　金属封装的硫化镉光敏电阻结构

金属封装的硫化镉光敏电阻的结构如图3-6所示。管芯是一块安装在绝缘衬底上带有两个欧姆接触电极的光电导体。光电导体吸收光子而产生的光电效应，只限于光照的表面薄层，虽然产生的载流子也有少数扩散到内部去，但扩散深度有限，因此光电导体一般做成薄层。为了获得较高的灵敏度，光敏电阻的电极一般做成梳状。

2. 光敏电阻的主要参数和基本特性

（1）暗电阻、亮电阻、光电流　暗电阻、暗电流：光敏电阻在室温条件下，全暗（无光照射）经过一定时间测量的电阻值，称为暗电阻。此时流过的电流称为暗电流。

亮电阻、亮电流：光敏电阻在某一光照下的阻值称为该光照下的亮电阻。此时流过的电流称为亮电流。

光电流：亮电流与暗电流之差。

光敏电阻的暗电阻越大，而亮电阻越小，则性能越好。暗电流越小，光电流越大，这样的光敏电阻的灵敏度越高。

（2）伏安特性　在一定照度下，流过光敏电阻的电流与光敏电阻两端的电压的关系称为光敏电阻的伏安特性。

给定光照度，电压越大，光电流越大。

给定偏压，光照越大，光电流越大。

光敏电阻的伏安特性曲线不弯曲、无饱和，但受最大功耗限制。

光敏电阻广泛应用于照相机、太阳能庭院灯、草坪灯、验钞机、石英钟、音乐杯、礼品盒、迷你小夜灯、光声控开关、路灯自动开关以及各种光控玩具、光控灯饰、灯具等光自动开关控制设备或器件上。

（二）光敏晶体管

1. 光敏晶体管简介

光敏晶体管包括光敏二极管和光敏三极管，其工作原理主要基于光生伏特效应。光敏晶体管的特点：响应速度快、频率响应好、灵敏度高、可靠性高。光敏晶体管广泛应用于可见光和远红外探测，以及自动控制、自动报警、自动计数等领域。

光敏二极管的结构与一般二极管相似，它的外面包有透明的玻璃外壳，如图 3-7 所示，其 PN 结装在管顶，可直接受到光照射。

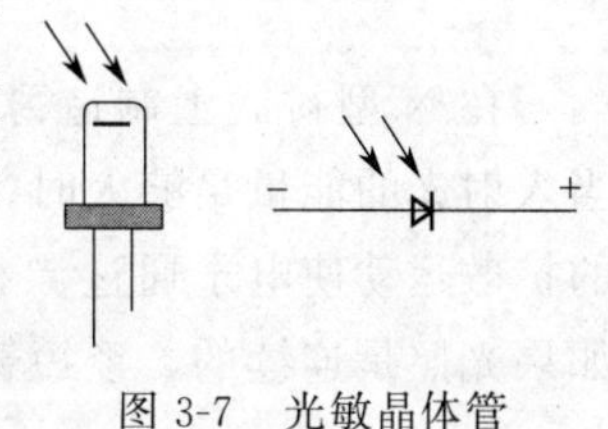

图 3-7　光敏晶体管

2. 光敏二极管基本特性

（1）光照特性　图 3-8 是硅光敏二极管在小负载电阻下的光照特性。光电流与照度成线性关系。

（2）光谱特性（以硅和锗光敏二极管为例）　硅的峰值波长约为 0.9μm，锗的峰值波长约为 1.5μm，此时灵敏度最大。而当入射光的波长增加或缩短时，相对灵敏度都会下降，如图 3-9 所示。

锗管的暗电流较大，因此特性较差，故在可见光或探测炽热状态物体时，一般采用硅管，但对红外光的探测用锗管较好。

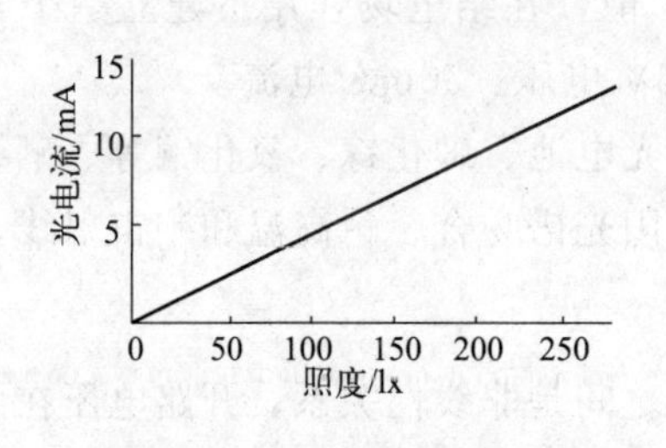

图 3-8　光照特性

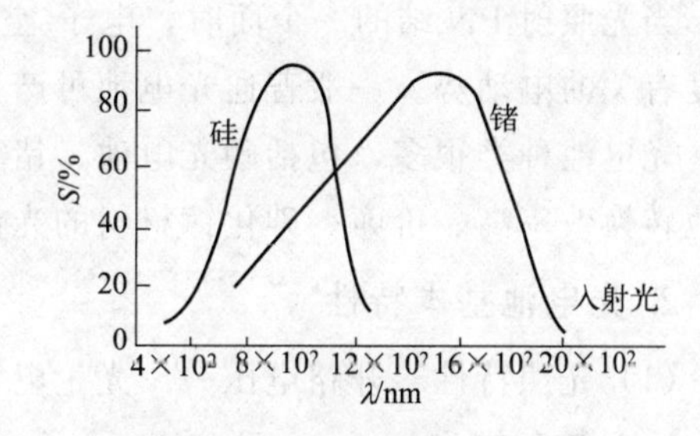

图 3-9　光谱特性

（3）伏安特性　当反向偏压较低时，光电流随电压变化比较敏感，随反向偏压的加大，反向电流趋于饱和，这时光生电流与所加偏压几乎无关，只取决于光照强度。

（4）频率响应　光敏晶体管的频率响应是指光敏晶体管输出的光电流随频率的变化关系。光敏晶体管的频率响应与本身的物理结构、工作状态、负载及入射光波长等因素有关。当调制频率高于 1000Hz 时，硅光敏二极管的灵敏度急剧下降。

(5) 温度特性　由于反向饱和电流与温度密切相关，因此光敏二极管的暗电流对温度变化很敏感。

（三）光电池

1. 光电池简介

光电池工作原理也是基于光生伏特效应的，是直接将光能转换成电能的器件，如图 3-10 所示。当有光线作用时，光电池就是电源（如太阳能电池），所以广泛用于航天电源、检测和自动控制等。

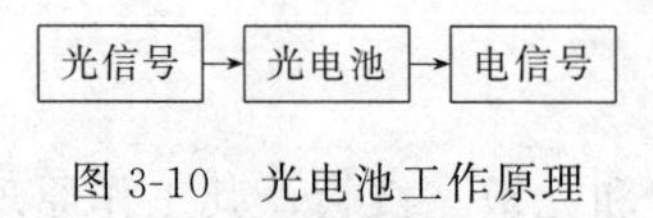

图 3-10　光电池工作原理

在 N 型衬底上制造薄层作为光照敏感面，就构成了最简单的光电池，如图 3-11 所示。当入射光的能量足够大时，P 区每吸收一个光子就产生一个电子-空穴对，光生电子-空穴对的扩散运动使电子通过漂移被拉到 N 区，空穴留在 P 区，所以 N 区带负电，P 区带正电，如果光照是连续的，经短暂的时间，PN 结两侧就有一个稳定的光生电动势输出。

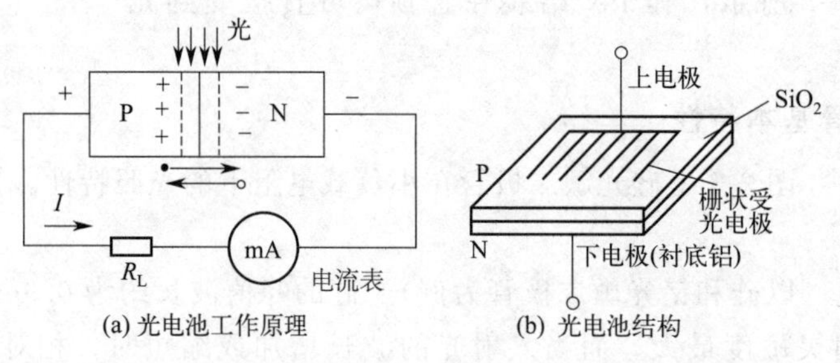

(a) 光电池工作原理　(b) 光电池结构

图 3-11　光电池

光电池实质是一个大面积 PN 结，上电极为栅状受光电极，下面有一抗反射膜，下电极是一层衬底铝。

当光照射 PN 结的一个面时，电子-空穴对迅速扩散，在结电场作用下建立一个与光照强度有关的电动势。一般普通光电池可产生 0.2～0.6V 电压、50mA 电流。

光电池种类很多，包括硒光电池、锗光电池、硅光电池、砷化镓、氧化铜等。硒、硅光电池转换效率高、价廉；砷化镓材料的光谱响应与太阳光谱吻合、耐高温和宇宙射线。

2. 光电池基本特性

(1) 光照特性　开路电压——光生电动势与照度之间是非线性关系，开路电压在照度为 2000lx 时趋于饱和。

短路电流——光电流与照度之间的关系称为短路电流曲线，短路电流是指外接负载相对内阻很小时的光电流。

实验证明，R_L 取值范围小比较好，具体根据光照大小而定，通常 $R_L \approx 100\Omega$。

光电池用作电源时当电压源使用，用作控制元件时当电流源使用。

(2) 光谱特性　光电池对不同波长的光灵敏度不同，硅光电池的光谱响应峰值在 0.8μm 附近，波长范围 0.4～1.2μm。硅光电池可在很宽的波长范围内应用。硒光电池光谱响应峰值在 0.5μm 附近，波长范围 0.38～0.75μm。

(3) 频率特性　光电池的频率响应是指输出电流随调制光频率变化的关系。由于光电池 PN 结面积较大，极间电容大，故频率特性较差。

硅光电池频率响应较好，硒光电池较差，所以高速计数器的转换电路一般采用硅光电池作为传感器元件。

(4) 温度特性　光电池的温度特性是指开路电压和短路电流随温度变化的关系。开路电压与短路电流均随温度而变化，光电池温度将关系到应用光电池的仪器设备的温度漂移，影响测量或控制精度等主要指标，因此，当光电池作为测量元件时，最好能保持温度恒定，或采取温度补偿措施。

三、热敏电阻

热敏电阻是一种能将温度的变化变换为电信号的敏感元件，一般应用在温度测量、温度补偿、过载保护和温度控制等场合，在电子技术、工业自动化方面的应用极广。

热敏电阻按照温度系数不同分为正温度系数热敏电阻（PTC）和负温度系数热敏电阻（NTC），如图 3-12 所示。正温度系数热敏电阻（PTC）在温度越高时电阻值越大，当超过居里温度时，它的阻值随温度的上升而剧变。负温度系数热敏电阻（NTC）在温度越高时电阻值越小，适用于电子设备宽范围的温控。它们同属于半导体器件。

图 3-12　常见热敏电阻

热敏电阻是一种传感器电阻，热敏电阻的电阻值随着温度的变化而改变，与一般的固定电阻不同。金属的电阻值随温度的升高而增大；但半导体则相反，它的电阻值随温度的升高而急剧减小，并呈现非线性。在温度变化相同时，热敏电阻器的阻值变化约为铂热电阻的 10 倍，因此，热敏电阻对温度的变化特别敏感。半导体的这种温度特性，是因为半导体的导电方式是载流子（电子、空穴）导电。由于半导体中载流子的数目远比金属中的自由电子少得多，所以它的电阻率很大。随着温度的升高，半导体中参加导电的载流子数目就会增多，故半导体电导率就增加，它的电阻率也就降低了。

热敏电阻正是利用半导体的电阻值随温度显著变化这一特性制成的热敏元件。它是由某些金属氧化物按不同的配方制成的。在一定的温度范围内，根据测量热敏电阻阻值的变化，可知被测介质的温度变化。

热敏电阻的主要特点：

① 灵敏度较高，其电阻温度系数比金属大 10～100 倍，能检测出 6～10℃的温度变化；

② 工作温度范围宽，常温器件适用温度为－55～315℃，高温器件适用温度高于 315℃（目前最高可达到 2000℃），低温器件适用温度为－273～－55℃；

③ 体积小，能够测量其他温度计无法测量的空隙、腔体及生物体内血管的温度；

④ 使用方便，电阻值可在 0.1～100kΩ 任意选择；

⑤ 易加工成复杂的形状，可大批量生产；

⑥ 稳定性好、过载能力强。

进度检查

一、填空题

1. 常见光敏器件包括：________、________、________、________、________、光电倍增管、光电耦合器等。

2. 在光线的作用下，物体内的电子逸出物体表面向外发射的现象称为________。

3. 光敏电阻的工作原理是基于________，光敏电阻又称光导管，它是纯电阻元件，其阻值随光照____而____。

4. 光敏电阻的暗电阻____，而亮电阻越小，则性能越好。暗电流越小，光电流越大，这样的光敏电阻的________。

5. 光敏晶体管特点：________、________、________。

6. 热敏电阻是一种能将____的变化变换为____的敏感元件。

二、简答题

请写出 PTC 与 NTC 电阻的区别及在生活工作中的简单应用。

编号 FJC-8-03

学习单元 3-3　电阻与电压的变换

学习目标：在完成本单元学习之后，能够掌握电桥的基本概念、电桥平衡条件。

职业领域：化学、石油、环保、医药、冶金、建材等

工作范围：电工

一、电阻与电压的变换

电阻与电压的变换有外加电源法和电桥转换两种方法。

1. 概述

电桥是由电阻、电容、电感等元件组成的四边形测量电路，四条边称为桥臂。作为测量电路，在四边形的一条对角线两端接上电源，另一条对角线两端接指零仪器。调节桥臂上某些元件的参数值，使指零仪器的两端电压为零，此时电桥达到平衡。

2. 电桥电路的分类

按照电源分类：直流电桥、交流电桥。

按照输出分类：电流输出、电压输出。

电流输出：当电桥的输出信号较大，输出端又接入电阻值较小的负载时，电桥以电流形式输出。

电压输出：当电桥输出端接放大器时，由于放大器输入阻抗很高，认为电桥的负载电阻无穷大，这时电桥以电压形式输出。

二、恒压源供电的直流电桥的工作原理

1. 特点

① 当被测量无变化时，电桥平衡时输出为零。

② 当被测量发生变化时，电桥平衡被打破，有电压输出。输出的电压与被测量的变化成比例，如图 3-13 所示。

电桥的输出电压为 $U_o=U_{ba}-U_{da}=\dfrac{R_1R_3-R_2R_4}{(R_1+R_2)(R_3+R_4)}U_i$

当输出电压为零时，电桥平衡，因此电桥平衡条件如下。

$$R_1R_3-R_2R_4=0 \text{ 或 } \frac{R_1}{R_4}=\frac{R_2}{R_3}$$

为了获得最大的电桥输出，在设计时常使 $R_1=R_2=R_3=R_4=R$（称为等臂电桥）。当四个桥臂电阻都发生变化时，电桥的输出为

$$U_o=\frac{U_i}{4}\left(\frac{\Delta R_1}{R_1}-\frac{\Delta R_2}{R_2}+\frac{\Delta R_3}{R_3}-\frac{\Delta R_4}{R_4}\right)=\frac{kU_i}{4}(\varepsilon_1-\varepsilon_2+\varepsilon_3-\varepsilon_4)$$

2. 电桥自动调零

调节 RP，最终可以使 $R_1'/R_2'=R_4/R_3$（R_1'、R_2'是 R_1、R_2 并联 RP 后的等效电阻），如图 3-14 所示，电桥趋于平衡，U_o 被预调到零位，这一过程称为调零。图 3-14 中的 R_5 是用于减小调节范围的限流电阻。

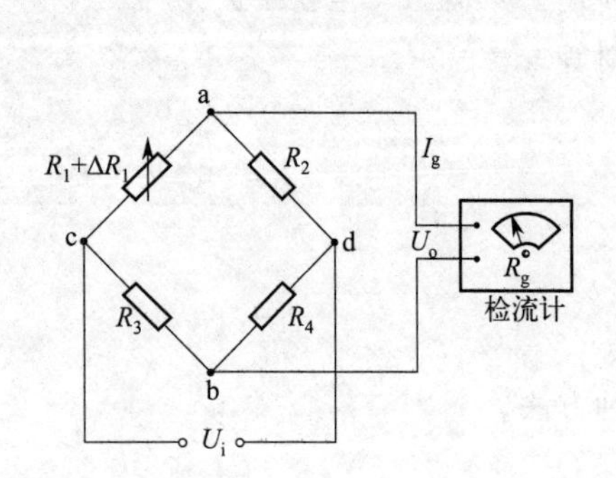

图 3-13 电桥平衡

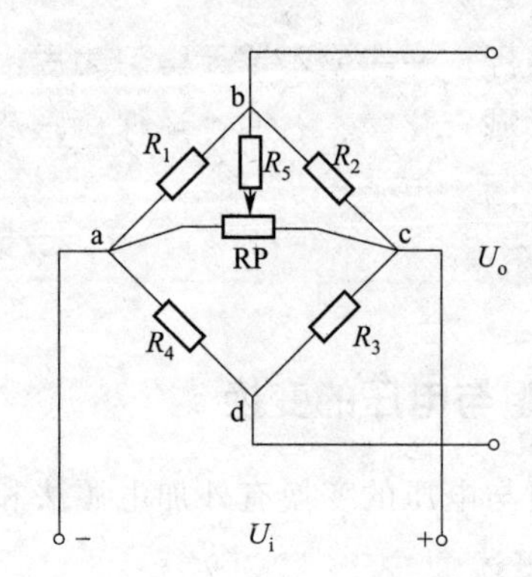

图 3-14 电桥自动调零

电桥平衡的条件：

$$R_1R_3=R_2R_4$$

三、恒流源供电的直流电桥的工作原理

图 3-15 所示为恒流源供电的直流电桥测量电路。电桥输出电压如下。

$$U_o=I_1R_1-I_2R_4=\frac{R_1R_3-R_2R_4}{R_1+R_2+R_3+R_4}I$$

$$U_o=U_{ba}-U_{da}=\frac{R_1R_3-R_2R_4}{(R_1+R_2)(R_3+R_4)}U_i$$

1. 单臂半桥

单臂半桥如图 3-16 所示。

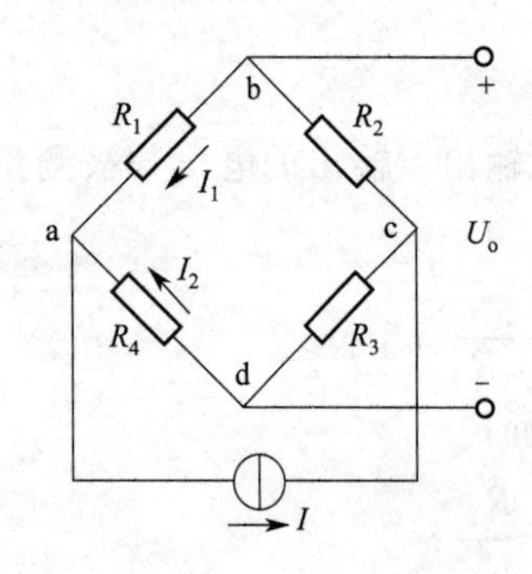

图 3-15 恒流源供电的直流电桥测量电路

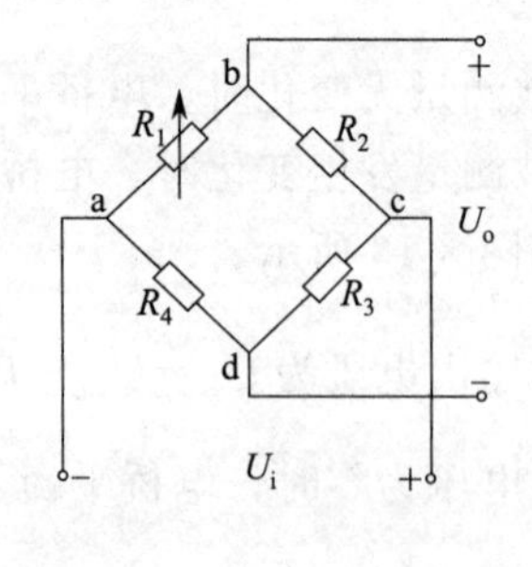

图 3-16 单臂半桥

图 3-16 中只有一片应变片，则

$$U_o=\frac{U_i}{4}\left(\frac{\Delta R_1}{R_1}-\frac{\Delta R_2}{R_2}+\frac{\Delta R_3}{R_3}\frac{\Delta R_4}{R_4}\right)$$

当无应变时

$$R_1=R_2=R_3=R_4=R$$

桥路输出电压为

$$u_o=\frac{u_i R_1}{R_1+R_2}-\frac{u_i R_4}{R_3+R_4}=0$$

当有应变时

$$R=R_1+\Delta R_1$$

桥路输出电压为

$$u_o=\frac{1}{4}\times\frac{\Delta R_1}{R_1}u_i=\frac{1}{4}\times\frac{\Delta R_1}{R}u_i=\frac{1}{4}k\varepsilon u_i$$

2. 双臂半桥

如图 3-17 所示，R_1、R_2 为应变片，R_3、R_4 为固定电阻 。应变片 R_1、R_2感受到的应变 $\varepsilon_1 \sim \varepsilon_2$ 以及产生的电阻增量正负号相间，可以使输出电压 U_o 成倍地增大。

当有应变时，一片受拉，另一片受压，R_1、R_2 为相同应变测量片，又互为补偿片。此时阻值为 $R_1+\Delta R_1$ 和 $R_2-\Delta R_2$。

桥路输出电压为

$$u_o=\frac{u_i}{2}\times\frac{\Delta R_1}{R}=\frac{1}{2}k\varepsilon u_i$$

3. 四臂全桥

如图 3-18 所示，全桥的四个桥臂都为应变片，如果设法使试件受力后，应变片 $R_1 \sim R_4$ 产生的电阻增量（或感受到的应变 $\varepsilon_1 \sim \varepsilon_4$）正负号相间，就可以使输出电压 U_o 成倍地增大。上述三种工作方式中，四臂全桥工作方式的灵敏度最高，双臂半桥次之，单臂半桥灵敏度最低。采用四臂全桥（或双臂半桥）还能实现温度自补偿。

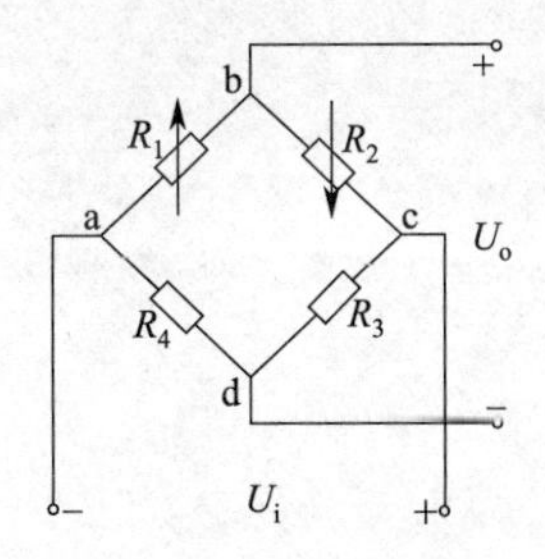

图 3-17 双臂半桥

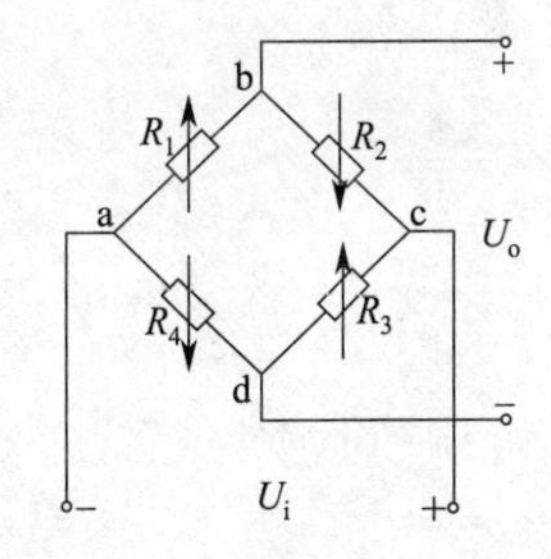

图 3-18 四臂全桥

图 3-18 中，R_1、R_3 为相同应变测量片，当有应变时，两片同时受拉或受压。R_2、R_4 为补偿片。桥路输出电压为

$$u_o=\frac{u_i}{2}\times\frac{\Delta R_1}{R}=k\varepsilon u_i$$

结论：双臂半桥输出灵敏度是单臂半桥的两倍，四臂全桥输出灵敏度是双臂半桥的两

倍。采用双臂半桥和四臂全桥测量，可以补偿由于温度变化引起的测量误差。

进度检查

简答题

1. 非平衡电桥与平衡电桥有什么异同？

2. 热敏电阻有什么样的温度特性？为什么要用非平衡电桥而不是平衡电桥测量热敏电阻的温度特性？

编号 FJC-8-04

学习单元 3-4　数/模与模/数转换

学习目标： 在完成本单元学习之后，能够了解集成运算放大器及电路组成，模拟信号、数字信号的概念；掌握模拟信号和数字信号的相互转换方法；了解七段数码管的应用。

职业领域： 化学、石油、环保、医药、冶金、建材等

工作范围： 电工

一、集成运算放大电路

1. 概述

集成运算放大器简称集成运放，早期主要应用于信号的运算方面，例如比例、加、减、积分、微分运算等。集成运算放大器的内部实质是一种性能优良的多级直接耦合放大电路。这种电路是通过把一些特定的半导体器件、电阻器及连接导线集中制造在一块半导体基片上，以实现某种功能。由于它的体积小、成本低、工作可靠性高、易组装调试，几乎在所有电子技术领域都有应用。

2. 集成运算放大器应用

在分析集成运算放大器时，一般将它看成是一个理想运算放大器。理想运算放大器具有“虚短”和“虚断”的特性，这两个特性对分析线性运用的运放电路十分有用。为了保证线性运用，集成运算放大器必须在闭环（负反馈）下工作。集成运算放大器电路符号如图 3-19 所示。

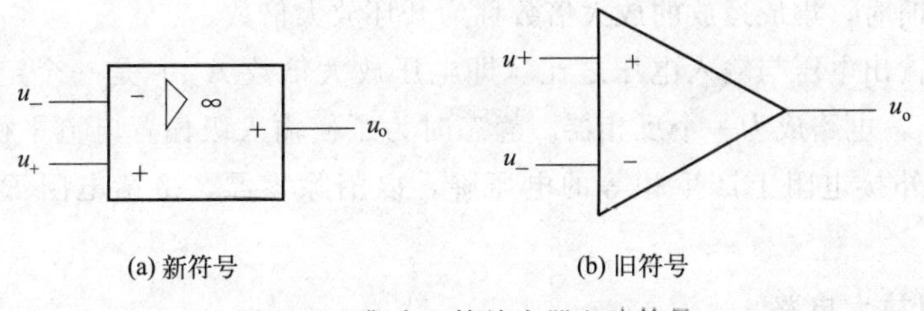

图 3-19　集成运算放大器电路符号

（1）虚短　由于集成运算放大器的电压放大倍数很大（一般通用型集成运算放大器的开环电压放大倍数都在 80 以上），而集成运算放大器的输出电压有限（一般为 10～14V），因此集成运算放大器的差模输入电压不足 1 mV，两输入端近似等电位，相当于“短路”。开环电压放大倍数越大，两输入端的电位越接近相等。

在分析集成运算放大器处于线性状态时，可把两输入端视为等电位，这一特性称为虚假短路，简称虚短。显然，不能将两输入端真正短路。

（2）虚断　由于集成运算放大器的差模输入电阻很大，一般通用型集成运算放大器的输

入电阻都在1MΩ以上，因此流入集成运算放大器输入端的电流往往不足1μA，远小于输入端外电路的电流。故通常可把集成运算放大器的两输入端视为开路，且输入电阻越大，两输入端越接近开路。

在分析集成运算放大器处于线性状态时，可以把两输入端视为等效开路，这一特性称为虚假开路，简称虚断。显然，不能将两输入端真正断路。

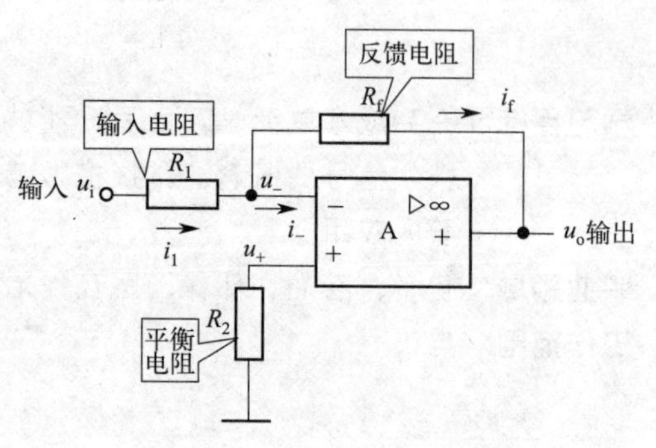

图 3-20 反相比例放大电路

3. 反相比例放大电路

反相比例放大电路又叫反相放大器，如图3-20所示。输入电压 u_i 经 R_1 加到集成运算放大器的反相输入端，输出电压 u_o 经 R_f 反馈至反相输入端，形成深度的电压并联负反馈，集成运算放大器工作在线性区。其同相输入端经电阻 R_2 接地。根据的“虚短”和“虚断”的特点，$u_+=u_-$ 且 $u_+=0$，故 $u_-=0$。这表明集成运算放大器反相端与地端等电位，但不是真正接地，称为“虚地”。因此有

$$i_1=\frac{u_i}{R_1}$$

$$i_f=\frac{u_o}{R_f}$$

又因为 $i_+=i_-=0$，$i_1=-i_f$

可以得到

$$u_o=-\frac{R_f}{R_1}u_i$$

该电路闭环电压放大倍数：

$$A_{uf}=-\frac{R_f}{R_1}=\frac{u_o}{u_i}$$

没有引进反馈时，集成运放的放大倍数称为开环放大倍数。

由此可见，输出电压与输入电压之比（即电压放大倍数 A_{uf}）是一个定值。如果 $R_f=R_1$，则 $u_o=-u_i$，电路成为一个反相器。静态时为了使输入级偏置电流平衡并在运算放大器两个输入端的外接电阻上产生相等的电压降，以消除零漂，平衡电阻 R_2 须满足 $R_2=R_1//R_f$。

4. 同相比例放大电路

图3-21所示为同相比例放大电路。输入电压 u_i 经 R_2 加到集成运算放大器的同相输入端，其反相输入端经 R_1 接地。输出电压 u_o 经 R_f 和 R_1 分压后，取 R_1 上的分压作为反馈信号加到集成运算放大器的反相输入端，形成负反馈，集成运算放大器工作在线性区。R_2 为平衡电阻，其值为 $R_2=R_f//R_1$。

输出电压为

$$u_o=\left(1+\frac{R_f}{R_1}\right)\frac{R_3}{R_2+R_3}u_i$$

当 $R_3 \to \infty$ 时

$$u_o = \left(1 + \frac{R_f}{R_1}\right) u_i$$

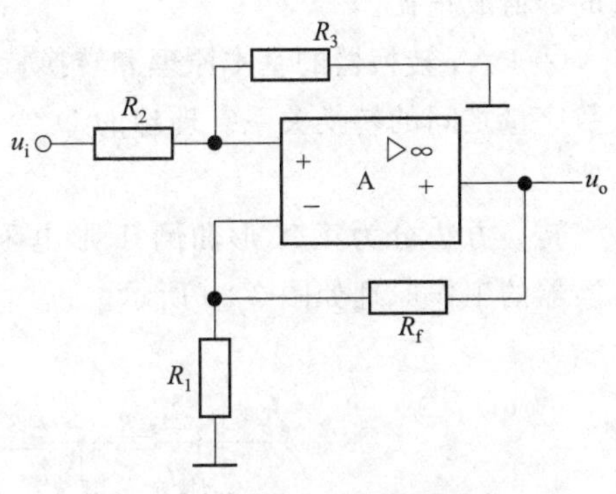

图 3-21　同相比例放大电路

二、数字信号、模拟信号

1. 信号含义

信号是表示消息的，如电信号可以通过幅度、频率、相位的变化来表示不同的消息。电信号有模拟信号和数字信号两类。信号是运载消息的工具，是消息的载体。从广义上讲，信号包含光信号、声信号和电信号等。按照实际用途区分，信号包括电视信号、广播信号、雷达信号，通信信号等。按照所具有的时间特性区分，信号包括确定性信号和随机性信号等。

在仪器设备的检测、控制系统中，模拟量与数字量之间的相互转换应用十分广泛，如压力、流量、温度、速度、位移等经传感器产生的模拟信号，必须转换成数字信号后才能送入计算机进行处理，处理后的数字信号又必须转换为模拟量才能实现对执行机构的自动控制。

2. 数字信号与模拟信号

模拟信号是指在时间和数值上连续的信号，如图 3-22(a) 所示。数字信号是指在时间和数值上不连续（即离散的）的信号，如图 3-22(b) 所示。

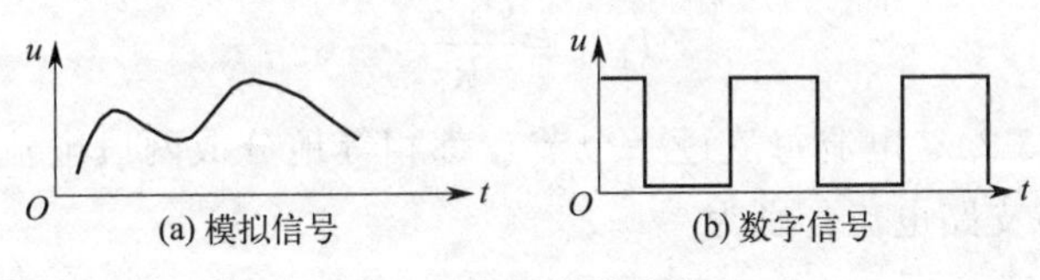

图 3-22　模拟与数字信号

> **例：** 模拟信号包括电视的图像和伴音信号、由某种物理量（如温度、压力）转化成的电信号。对模拟信号进行传输、处理的电子线路称为模拟电路。
>
> **例：** 数字信号包括电子表的秒信号、由计算机键盘输入计算机的信号、生产中自动记录零件个数的计数信号等。对数字信号进行传输、处理的电子线路称为数字电路。

模拟信号和数字信号之间可以互相转换，只要它们之间建立起一定的转换关系即可。例如，我们可以通过计算数字信号变化的次数来得到相应的模拟信号，而不需要知道数字信号每次变化的具体大小。如果把数字信号看成是一种脉冲信号，只要计算脉冲的个数，或者研究脉冲之间的编排方式即可。

三、 D/A 转换器的工作原理

能将模拟量转换为数字量的电路称为模数转换器，简称 A/D 转换器或 ADC；能将数字量转换为模拟量的电路称为数模转换器，简称 D/A 转换器或 DAC。ADC 和 DAC 是沟通模拟电路和数字电路的桥梁，也可称之为两者之间的接口。

① D/A 转换器的功能。将数字量转换为模拟量，并使输出模拟电压的大小与输入数字

量的数值成正比。

② D/A 转换器的基本原理和转换特性。D/A 转换器的转换特性是指其输出模拟量和输入数字量之间的转换关系。理想的 D/A 转换器的转换特性应是输出模拟量与输入数字量成正比。

转换方法分为正 T 形和倒 T 形电阻网络 D/A 转换器转换。4 位倒 T 形电阻网络 D/A 转换器的工作原理如图 3-23 所示。

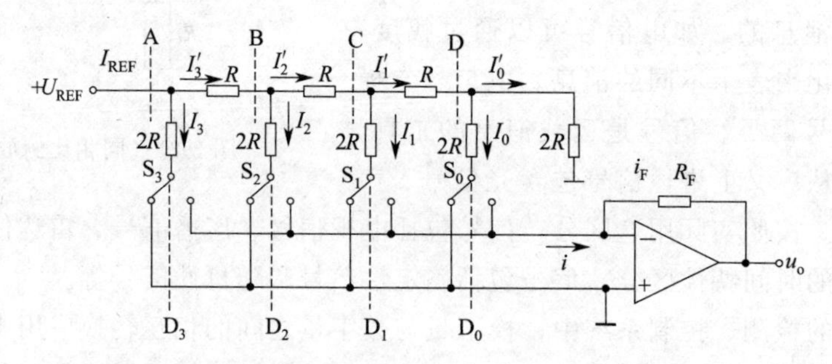

图 3-23 4 位倒 T 形电阻网络 D/A 转换器的工作原理

从图 3-23 可以看出，分别从虚线 A、B、C、D 处向右看的二端网络等效电阻都是 R。不论模拟开关接到运算放大器的反相输入端（虚地）还是接到地等效端，也就是不论输入数字信号是 1 还是 0，各支路的电流不变。

从参考电压端输入的电流为

$$I_{REF}=\frac{U_{REF}}{R}$$

根据分流原理图 3-24，电流每流过一个节点都相等地分成两股电流，故倒 T 形电阻网络 D/A 转换器内部各支路电流分别为

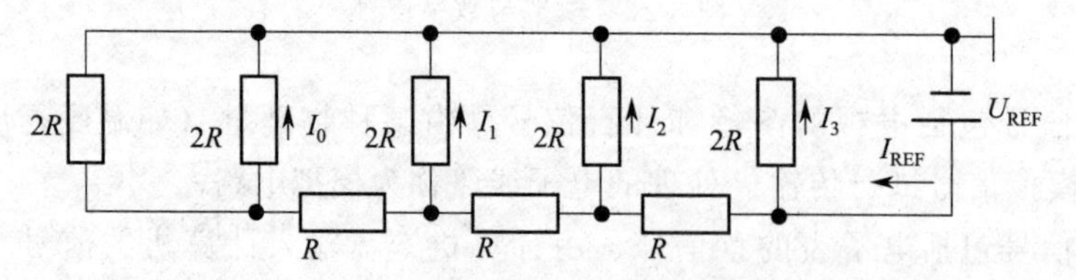

图 3-24 4 位倒 T 形电阻网络 D/A 转换器的等效电路

$$I_3=\frac{1}{2}I_{REF},I_2=\frac{1}{4}I_{REF},I_1=\frac{1}{8}I_{REF},I_0=\frac{1}{16}I_{REF}$$

当输入代码为 $D_3D_2D_1D_0=1111$ 时，所有电子开关都将通过阻值为 $2R$ 的电阻接到集成运算放大器反相输入端，则流入反相输入端的总电流为

$$I_\Sigma=I_3+I_2+I_1+I_0=I_{REF}\left(\frac{1}{2}+\frac{1}{4}+\frac{1}{8}+\frac{1}{16}\right)$$

当输入代码为任意值时，I_Σ 的一般表达式为

$$\begin{aligned}I_\Sigma&=I_3D_3+I_2D_2+I_1D_1+I_0D_0\\&=\frac{1}{2^4}\times I_{REF}(2^3D_3+2^2D_2+2^1D_1+2^0D_0)\end{aligned}$$

$$=\frac{1}{2^4}\times\frac{U_{\mathrm{REF}}}{R}(2^3\mathrm{D}_3+2^2\mathrm{D}_2+2^1\mathrm{D}_1+2^0\mathrm{D}_0)$$

由图 3-23 所示电路中，$R_{\mathrm{F}}=R$，则 I_{Σ} 经集成运算放大器运算后，输出电压 U_{o} 为

$$\begin{aligned}U_{\mathrm{o}}&\approx-I_{\Sigma}R_{\mathrm{F}}\\&=-\frac{U_{\mathrm{REF}}}{2^4}\times\frac{R_{\mathrm{F}}}{R}(2^3\mathrm{D}_3+2^2\mathrm{D}_2+2^1\mathrm{D}_1+2^0\mathrm{D}_0)\\&=-\frac{U_{\mathrm{REF}}}{2^4}(2^3\mathrm{D}_3+2^2\mathrm{D}_2+2^1\mathrm{D}_1+2^0\mathrm{D}_0)\end{aligned}$$

推广到一般情况（即输入代码为 n 位二进制代码，且 $R_{\mathrm{F}}=R$），输出电压为

$$U_{\mathrm{o}}=-\frac{U_{\mathrm{REF}}}{2^n}(2^{n-1}\mathrm{D}_{n-1}+2^{n-2}\mathrm{D}_{n-2}+\cdots+2^1\mathrm{D}_1+2^0\mathrm{D}_0)$$

上式括号内为 n 位二进制数的十进制数值，常用 N_{B} 表示，此时 D/A 转换器输出的模拟电压又可写为

$$U_{\mathrm{o}}=-\frac{U_{\mathrm{REF}}}{2^n}N_{\mathrm{B}}$$

由上式可见，输出的模拟电压 U_{o} 与输入的数字量成正比，比例系数为 $\frac{U_{\mathrm{REF}}}{2^n}$，也即完成了 D/A 转换。

由于倒 T 形电阻网络 D/A 转换器具有动态性能好、转换速度快等优点，因此得到广泛应用。

四、 A/D 转换器的工作原理

A/D 转换器的功能是把连续变化的模拟信号转换成数字信号，其转换过程如图 3-25 所示。

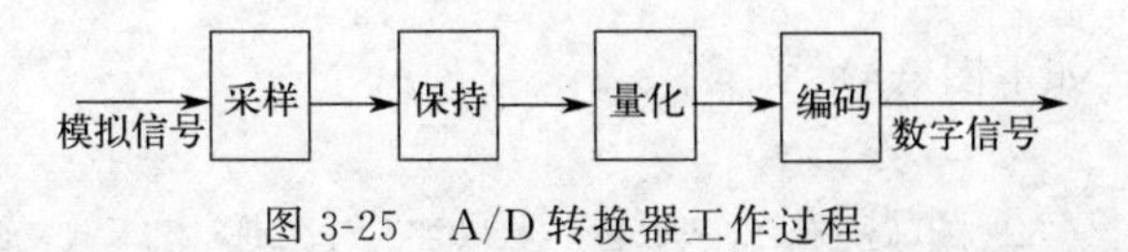

图 3-25　A/D 转换器工作过程

如图 3-26 所示，模拟电子开关 S 在采样脉冲 $\mathrm{CP_S}$ 的控制下重复接通、断开的过程。S 接通时，$u_{\mathrm{i}}(t)$ 对 C 充电，为采样过程；S 断开时，C 上的电压保持不变，为保持过程。在保持过程中，采样的模拟电压经数字化编码电路转换成一组 n 位的二进制数输出。

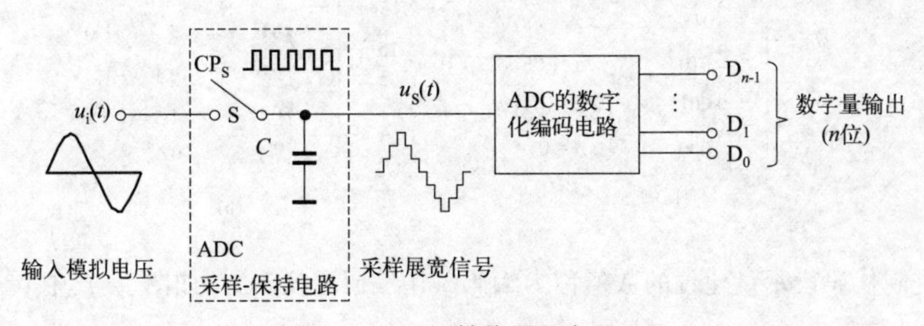

图 3-26　A/D 转换器基本原理

A/D 转换的一般步骤如下。

（1）采样和保持　采样就是对连续变化的模拟信号定时进行测量，抽取样值。通过采样，一个在时间上连续变化的模拟信号就转换为随时间断续变化的脉冲信号。

实际上，采样和保持是一次完成的，统称为采样保持电路。图 3-27 是采样保持电路及波形。

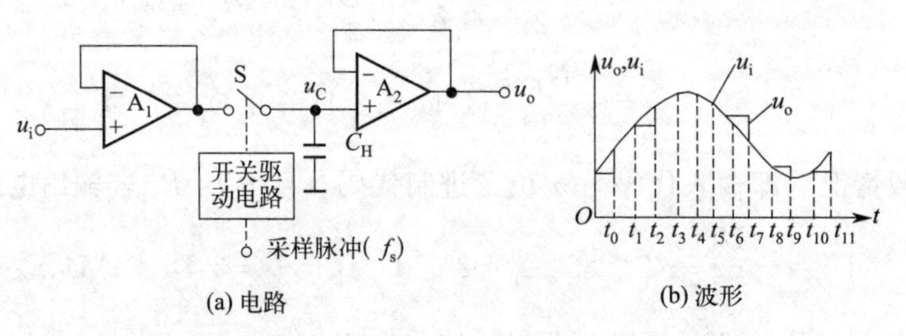

(a) 电路　　(b) 波形

图 3-27　采样保持电路及波形

t_0 时刻，S 闭合，C_H 被迅速充电，电路处于采样阶段。由于两个放大器的增益都为 1，因此这一阶段 u_o 跟随 u_i 变化，即 $u_o=u_i$。t_1 时刻采样阶段结束，S 断开，电路处于保持阶段。若 A_2 的输入阻抗为无穷大，S 为理想开关，则 C_H 没有放电回路，两端保持充电时的最终电压值不变，从而保证电路输出端的电压 u_o 维持不变。在采样脉冲的作用下，模拟信号 u_i 变成了脉冲信号，经过电容 C 的存储作用，从电压跟随器 A_2 输出的是阶梯电压 u_o。

（2）量化-编码　采样保持电路的输出信号虽然已成为阶梯形，但阶梯形的幅值仍然是连续变化的，为此要把采样保持后的阶梯信号按指定要求划分成某个最小量化单位的整数倍，这一过程称为量化。

例： 把 0～1V 的电压转换为 3 位二进制代码的数字信号，由于 3 位二进制代码只有 8（2^3）个数值，因此必须把模拟电压分成 8 个等级，每个等级就是一个最小量化单位 Δ，即 $\Delta=\frac{1}{2^3}=\frac{1}{8}$（V），如下图（a）所示。

模拟电平	二进制代码	代表的模拟电平
1(V)		
	111	$7\Delta=(7/8)$V
7/8		
	110	$6\Delta=(6/8)$V
6/8		
	101	$5\Delta=(5/8)$V
5/8		
	100	$4\Delta=(4/8)$V
4/8		
	011	$3\Delta=(3/8)$V
3/8		
	010	$2\Delta=(2/8)$V
2/8		
	001	$1\Delta=(1/8)$V
1/8		
	000	$0\Delta=0$
0		

(a)

模拟电平	二进制代码	代表的模拟电平
1(V)		
	111	$7\Delta=(14/15)$V
13/15		
	110	$6\Delta=(12/15)$V
11/15		
	101	$5\Delta=(10/15)$V
9/15		
	100	$4\Delta=(8/15)$V
7/15		
	011	$3\Delta=(6/15)$V
5/15		
	010	$2\Delta=(4/15)$V
3/15		
	001	$1\Delta=(2/15)$V
1/15		
	000	$0\Delta=0$
0		

(b)

用二进制代码表示量化位的数值称为编码（用编码器实现）。如图（a）中 $0\sim\frac{1}{8}$V 的模拟电压归并为 0，用 000 表示；$\frac{4}{8}$～$\frac{5}{8}$V 的模拟电压归并为 4Δ，用 100 表示；$\frac{7}{8}$～1V 的模拟电压归并为 7Δ，用 111 表示，以此类推，经过处理后，就将模拟量转换为以 Δ 为单位的数字量，而这些代码就是 A/D 转换的输出结果。

很显然，Δ 的大小就表示数字信号中最低位 1 对应的输入模拟电压的大小。由于采样得到样值脉冲的幅度是模拟信号在某些时刻的瞬时值，它们不可能正好是量化单位 Δ 的整数倍，在量化时，非整数部分的余数被舍去，因此必然产生一定的误差，这个误差称为量化误差。

量化误差的大小与转换输出的二进制码的位数和基准电压 V_{REF} 的大小有关，还与如何划分量化电平有关。如在基准电压 V_{REF}=1V，量化输出为 3 位十进制码时，Δ= (1/8) U_{REF} 和 Δ= (2/15) U_{REF} 时如图 (b) 所示，后者量化误差减少了一半。无论如何划分量化电平，量化误差都不可避免。

五、显示器

在数字计算系统及数字式测量仪表中，常需要把二进制数或十六进制数用人们习惯的十进制数显示出来，数码显示器就可以完成这一工作。数码显示器有多种形式，目前广泛使用的有七段数码显示器。它由七段能各自独立发光的线段按一定的方式组合构成，图 3-28 所示为七段数码显示器的发光段分布及数字图形。

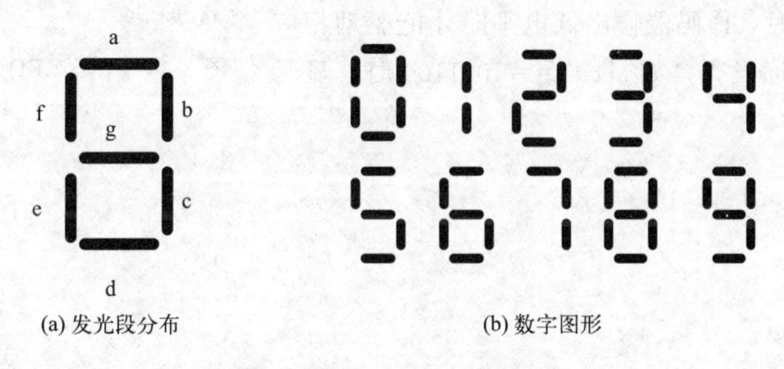

(a) 发光段分布　　(b) 数字图形

图 3-28　七段数码显示的字形

图 3-28(a) 是七段数码显示器的排列形状，一定的发光段组合能显示出相应的十进制数码。例如当 a、b、c、d、e、f、g 段均发光时，就能显示数字“8”；当 a、c、d、f、g 发光时，就能显示数字“5”。

显示器件的种类很多，在数字系统中最常用的显示器有半导体发光二极管（LED）显示器、液晶显示器（LCD）和等离子体显示板。

虽然它们结构各异，但译码显示的电路原理是相同，最常见的有 LED。

LED 显示器分为两种：一种是发光二极管（又称 LED）；另一种是发光数码管（又称 LED 数码管）。将发光二极管（LED）排列成“日”字形，就做成发光数码管，又称七段 LED 显示器，如图 3-29 所示的是发光数码管的结构。这些发光二极管一般采用两种连接方式，即共阴极接法和共阳极接法。控制各段的亮或灭，就可以显示不同的数字。

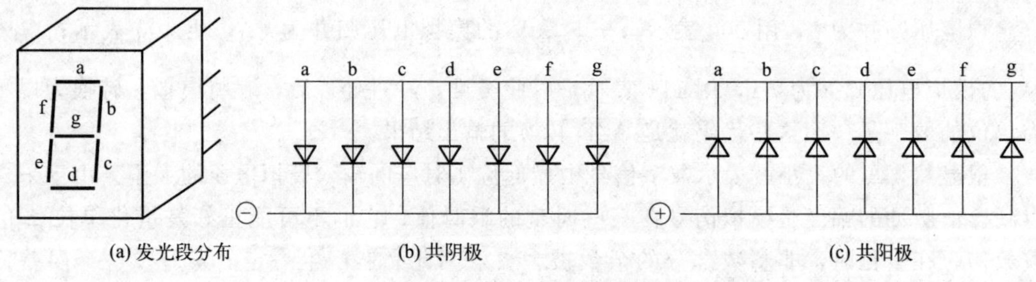

图 3-29 七段 LED 显示器结构及连接方式

半导体 LED 显示器件的特点是清晰悦目、工作电压低（1.5～3V）、体积小、寿命长（一般大于 1000h）、响应速度快（1～100ns）、颜色丰富多彩（有红、黄、绿等颜色），一般 LED 的工作电流选 5～10mA，但不允许超过最大值（通常为 50mA），工作可靠。七段 LED 显示器是目前最常用的数字显示器件，常用的共阴极型号有 BS201、BS202、BS207 及 LC5011-11 等；共阳极型号有 BS204、BS206 及 LA5011-11 等。它们的引脚排列如图 3-30 所示，图 3-30(a) 为共阴极显示器，图 3-30(b) 为共阳极显示器，在使用前应先查阅相关资料，明确 LED 的连接方式。

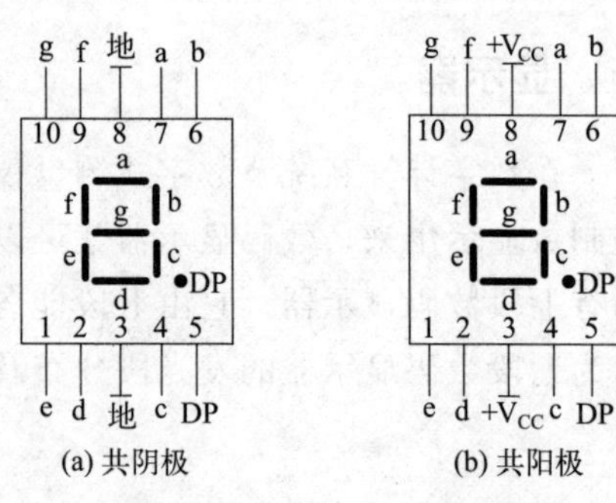

图 3-30 七段 LED 显示器引脚排列

共阴极连接时，译码器输出高电平时才能驱动相应的发光二极管导通发光，如 abcdefg＝0110011 时，显示数字“4”。

共阳极连接时，译码器输出低电平时才能驱动相应的发光二极管导通发光，如 abcdefg＝1001100 时，显示数字“4”。

进度检查

一、填空题

1. 设 u_+ 和 u_- 分别是集成运算放大器同相端和反相端的电位，i_+ 和 i_- 分别是集成运算放大器同相端和反相端的电流。我们把 $u_+=u_-$ 的现象称为______；把 $i_+=i_-=0$ 的现象称为______。

2. 为了稳定静态工作点，在放大电路中应引入______负反馈；若要稳定放大倍数，改善非线性失真等性能，应引入______负反馈。

3. 电压理想集成运算放大器组成的基本运算电路工作时，集成运算放大器的反相输入端与同相输入端之间的电压关系为______，俗称为______；而两个输入端之间的电流关系是______，俗称为______。

二、判断题（正确的在括号内画“√”，错误的画“×”）

1. D/A 转换器的功能是将数字量转换为模拟量，并使输出模拟电压的大小与输入数字量的数值成正比。（ ）

2. 4 位倒 T 形电阻网络 D/A 转换器由输入寄存器、模拟电子开关、基准电压、T 形电

阻网络和功率放大器等组成。 (　　)

3. A/D 转换器的功能是把模拟信号转换成数字信号。 (　　)

4. A/D 转换器的二进制数的位数越多，量化误差越大。 (　　)

三、选择题（将正确答案的序号填入括号内）

1. D/A 转换器电路又叫（　　）。

A. 数码寄存器　B. 电压变换器　C. 模数转换器　D. 数模转换器

2. 为了能将模拟电流转换成模拟电压，通常在集成 D/A 转换器的输出端外加（　　）。

A. 译码器　B. 编码器　C. 触发器　D. 运算放大器

四、简答题

请描述出你在学习生活中接触到的仪器设备，哪些包含了 A/D、D/A 电路，能否简单写出转换过程。

素质拓展阅读

标准必要专利

无线通信的标准争夺主要体现在“标准必要专利”的份额。谁控制了“标准必要专利”，就会在发展新一代先进产业的竞赛中拔得头筹，不仅掌握着核心技术，更会牵涉到知识产权带来的巨大经济利益。我国在 1G、2G 蜂窝网的技术标准中几乎毫无建树，从 3G 开始，我国的“标准必要专利”比例突飞猛进，从 3G 的 7%左右，到 4G 的 20%左右，再到 5G 的 34%，一跃成为世界第一。这体现了中国科技的巨大进步。尤其体现在以中国移动、华为为代表的中国企业所掌握的技术。我国的科技发展正在经历由“跟踪”到“引领”这一质变过程。

中国的通信网络发展经历了“1G 空白、2G 跟随、3G 突破、4G 并跑、5G 引领”这一曲折艰难的历程。移动通信的技术标准由 1G（模拟蜂窝网/FDMA）、2G（GSM/TDMA、IS95/CMDA）、3G（CDMA2000/ WCDMA/ T-DSCDMA）、4G（LTE/OFDM）发展到如今的 5G。

编码和调制是无线通信技术中最核心、最深奥的部分，被誉为通信技术的皇冠，体现着一个国家通信科学基础理论的整体实力。4G 时代，中国的 TD-LTE 技术有了一定突破，但其中的核心长码编码 Turbo 码和短码咬尾卷积码，仍旧不是中国原创。2016 年 11 月，关于 5G 标准制定的 3GPP RAN1 第 87 次会议在美国举行。11 月 17 日凌晨 1:00，5G 短码方案讨论终于揭晓了结果：中国华为公司主推的 Polar Code（极化码）方案，以压倒性的投票优势，成为 5G 控制信道 eMBB 场景编码的最终方案。

Polar Code 取得胜利，各大国际通信设备生产商在 5G 通信设备中都会采用“华为的标准”，中国成了真正意义上的通信基础规则的“制定者”。

模块 4　磁电与热电基础

编号 FCJ-9-01

学习单元 4-1　磁场基本物理量

学习目标： 在完成本单元学习之后，能够掌握磁体的特点；掌握磁场的基本物理量——磁感应强度、磁通量、磁导率和磁场强度；会判断通电导体和螺线管产生的磁场方向。

职业领域： 化学、石油、环保、医药、冶金、食品等

工作范围： 分析

在日常生活和工程应用中使用的各种电器、电机及电工仪表内，广泛存在着电与磁的相互作用，不仅有电类的问题，还大量涉及与磁场相关的知识，因此学习电磁关系，必须掌握磁场的基本物理性质。从历史上来看，人们发现磁现象要比发现电现象早得多，在中国春秋战国时期的古籍中就有磁石能吸铁的记载。

一、磁的基本概念

1. 磁性、磁极、磁力与磁场

物体能够吸引铁、镍、钴等物质的性质称为磁性。我们把具有磁性的物质叫作磁体，磁体分为天然磁体和人造磁体两类。磁体的两端磁性最强，被称为磁极。所有磁体都具有两极，北极（用 N 表示）和南极（用 S 表示），两个磁极必须同时存在。磁极之间具有同性相斥、异性相吸的性质。磁极之间的相互作用力叫作磁力。

我们将一个条形磁铁分割成如图 4-1 所示的两个小磁铁，分离后会发现每个小磁体均带两个磁极。这说明磁体的 N 极和 S 极是不能分离存在的，磁体的 N 极和 S 极是相互依存的一个整体，不可分割。磁体的这一重要特点与电学中正、负电荷可以独立存在有本质的不同。

磁极之间的相互作用力是通过磁场发生的，磁体周围存在磁力作用的空间称为磁场。磁场是一种特殊物质，具有物质所固有的力和能的特性。它与通常的实物不同，不是由分子和原子所组成的，但却是客观存在的。

2. 磁场的方向

磁场既有大小也有方向，是矢量场。我们采用能自由旋转的小磁针来确定某一处的磁场方向。将小磁针放入磁场中，使小磁针受到磁力作用，当小磁针静止不动时，北极所指的方向规定为该处的磁场方向，如图 4-2 所示。

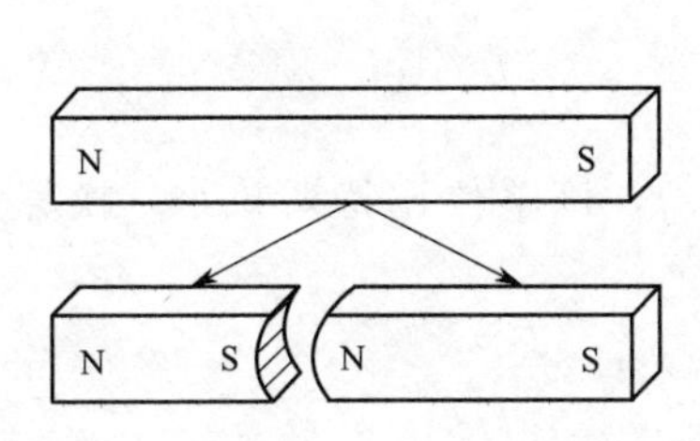

图 4-1　磁体的N极和S极不能分离存在

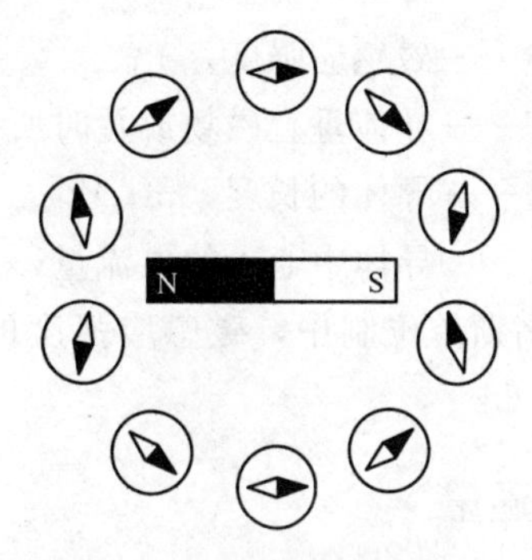

图 4-2　小磁针指示磁场方向

为了更能形象直观地描述磁场，我们引入磁感线（又称磁力线）的概念，磁感线就是在磁场中画出的一些曲线，这些曲线上的每一点的切线方向，都代表着该点的磁场方向。注意：磁感线是人为假想的曲线，在磁体周围有无数条磁感线，是立体的。

用磁感线描述磁场，磁场具有以下性质和特点。

① 在磁体外部磁感线由N极出发回到S极，而在磁体内部则由S极到N极，形成一条闭合曲线。

② 磁感线上任一点的切线方向为该点的磁场方向（即小磁针静止时N极的指向）。

③ 每条磁感线都是闭合曲线，任意两条磁感线不相交。

④ 磁感线的密与疏表示磁场的强与弱。磁感线均匀分布且平行的磁场称为均匀磁场（理想化概念）；磁感线分布不均匀的磁场称为非均匀磁场。

⑤ 磁感线可伸缩，同方向的磁感线互相排斥。

条形磁铁的磁感线、蹄形磁铁的磁感线分别如图 4-3(a)、(b) 所示。

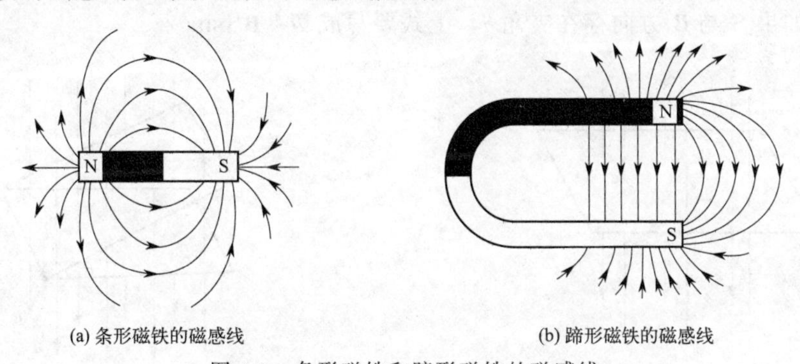

(a) 条形磁铁的磁感线　　(b) 蹄形磁铁的磁感线

图 4-3　条形磁铁和蹄形磁铁的磁感线

二、磁感应强度

磁感应强度是表示在磁场内某一点磁场强弱和方向的物理量。磁感应强度是矢量，其方向为磁场中该点的小磁针N极所指方向。

将长度为 L，通过电流为 I 的一段导体垂直于磁场的方向放入磁场中，导体所受的电磁力为 F，则该处磁感应强度如下式所示，在国际单位制中，磁感应强度用 $\boldsymbol{B}$ 表示，单位为特斯拉，简称特（T）。

$$\boldsymbol{B}=\frac{F}{LI}$$

式中　$\boldsymbol{B}$——磁感应强度，T；

F——导体垂直磁场放置时所受的力，N；

L——导体的长度，m；

I——导体中通入的电流量，A。

在高斯单位制中，磁感应强度的单位是高斯（Gs），该单位比特斯拉小，换算关系为 $1\text{T}=10^4\text{Gs}$。

三、磁通量

在磁场中，我们把垂直穿过某一截面面积为 S 的磁感应强度叫作通过该面积的磁通量，简称磁通，用 Φ 表示，单位是韦伯（简称韦），用 Wb 表示，是标量，但有正负，正负仅代表穿向。对于均匀磁场且磁感应强度与截面垂直时（图 4-4），该公式可写为

$$\Phi=\boldsymbol{B}S$$

式中　Φ——磁通，Wb；

$\boldsymbol{B}$——磁感应强度，T；

S——面积，m^2。

如果面积 S 的单位用 cm^2，$\boldsymbol{B}$ 的单位用高斯（Gs），这时 Φ 的单位是麦克斯韦，符号 Mx，换算关系为

$$1\text{Mx}=10^{-8}\text{Wb}$$

磁通量的大小与磁场强弱程度、通过平面面积大小和该面与磁场方向夹角有关。当 S 与 $\boldsymbol{B}$ 的垂面 S' 存在夹角 θ 时（图 4-5），磁通量的大小为

$$\Phi=\boldsymbol{B}S\cos\theta$$

注意：如果 S 与 $\boldsymbol{B}$ 方向存在夹角 θ，上式要写成 $\Phi=\boldsymbol{B}S\sin\theta$。

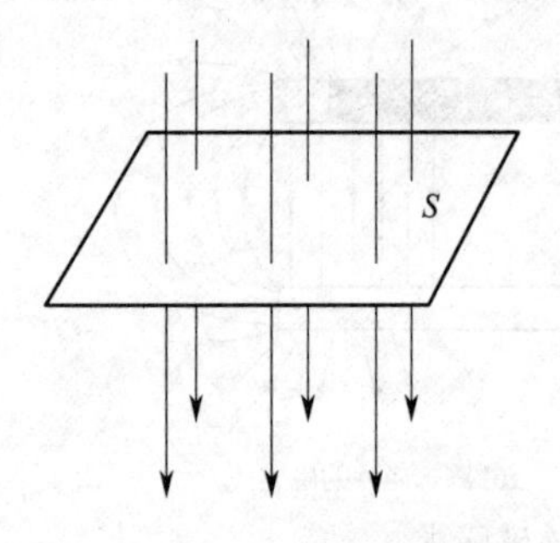

图 4-4　磁感应强度与面积垂直

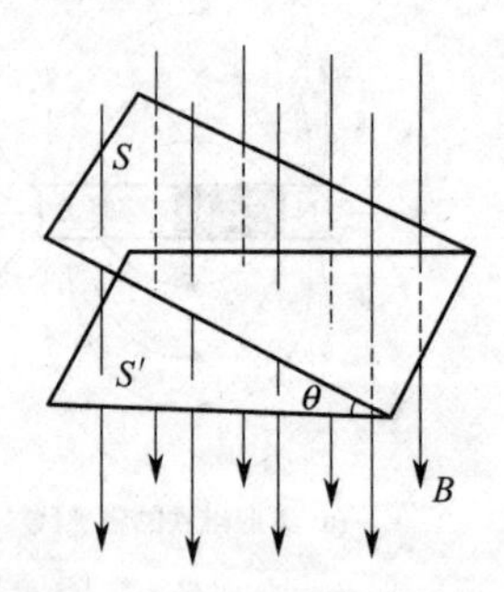

图 4-5　磁感应强度与面积有夹角

例： 在磁感应强度为 0.6T 的均匀磁场中，有一面积为 0.02m^2 的平面。求平面与磁场方向的夹角为 30°时，通过该平面的磁通量。

解　$\Phi=\boldsymbol{B}S\sin\theta=0.6\times0.02\times\sin30°=6\times10^{-3}(\text{Wb})$

四、磁导率

在磁场中，不同介质导磁能力不同，会对磁场能产生不同的影响。例如在一个通电的长直螺线管内，在电流和匝数不变的情况下，当内部放入铁芯时，比管内为空气时测出的磁感

应强度大许多倍。用磁导率这个物理量就能方便、准确地反映物质的导磁能力。磁导率用 μ 表示，单位为亨［利］每米（H/m）。不同介质的磁导率不同，例如通过实验测得真空的磁导率为 $\mu_0=4\pi\times10^{-7}$ H/m。

在工程技术上常用相对磁导率 μ_r，它表示某物质的磁导率 μ 与真空中磁导率 μ_0 的比值。

$$\mu_r=\frac{\mu}{\mu_0}$$

相对磁导率是一个比值，无单位，物理意义是在条件相同时，介质中的磁感应强度是真空中的多少倍。

根据相对磁导率的不同，我们将磁介质分为三类。

① $\mu_r<1$ 的物质称为抗磁物质，如铜、银等。

② $\mu_r>1$ 的物质称为顺磁物质，如空气、镁、铅等。

③ $\mu_r\gg1$ 的物质称为铁磁性物质。这类物质包括铁、镍、钴以及这些金属的合金，还有铁氧体材料等。它们的磁导率 μ 比真空中的磁导率 μ_0 大得多，因而它们对磁场的影响很大。

由于铁磁性材料的磁导率较高，被广泛应用在各种磁电式仪表、继电器、变压器和电机中，这样在线圈中通入不大的电流就可激发出足够大的磁感应强度（即产生足够强的磁场）。

五、磁场强度

根据对磁导率的分析，可知磁感应强度的大小与磁场中的介质种类有关系，这就使分析问题变得十分复杂。因此，引入了磁场强度这个概念，将它定义为

$$\boldsymbol{H}=\frac{\boldsymbol{B}}{\mu}$$

磁场强度用 $\boldsymbol{H}$ 表示，单位为安［培］每米（A/m）。磁场强度与磁感应强度都是矢量，即在磁场中某点的磁场强度的方向与该点的磁感应强度方向相同。

磁场强度是一个与物质的磁导率无关的量，它不受磁场中介质的影响，只与导体的电流大小、几何形状及在磁场中位置有关，这样就方便了对磁场的分析研究。

六、日常生活中使用磁铁注意事项

磁铁在日常生活中应用广泛，使用时要注意以下事项。

① 由于磁铁会相互吸引，特点是稀土类磁铁或者体积比较大的普通磁铁有很强的磁力，操作时有可能会夹伤手指。磁铁也有可能会因快速的碰撞而损坏（如碰掉边角或撞出裂纹）。当存放较大尺寸的磁铁时，要在每个磁体之间加入塑料或硬纸垫片，以保证可以轻易地将磁铁分开。

② 将磁铁远离易被磁化的物品，如信用卡、电子仪器、手表、手机、医疗器械等。强大的磁场会导致这种物品的损坏。

③ 不能用力敲打磁铁，这样会导致磁性减弱。

七、通电导体产生的磁场

磁铁不是磁场的唯一来源，将导体或线圈通入电流后，其周围就会产生磁场。在 1820 年 4 月，丹麦哥本哈根大学的物理学家奥斯特在一次实验中发现了放置在载流导线附近的小

磁针有偏转现象。奥斯特发表了电流与磁体之间相互作用的论文，在欧洲物理学界引起巨大反响。奥斯特的实验表明，不仅磁体能产生磁场，电流也能产生磁场，电流的磁场和磁体的磁场都具有磁场力。

右手螺旋定则揭示了这种电流与磁场之间的关系。对于分析通电直导线产生的磁场的方向，方法是用右手握住通电直导线，大拇指伸直并指向电流方向，则其余四指所指的方向，就是磁场的方向，如图 4-6 所示。

右手螺旋定则确定通电线圈产生磁场方向的方法：用右手握住线圈，四指指向电流的方向，伸直的大拇指所指方向就是线圈内部的磁场方向，如图 4-7 所示。

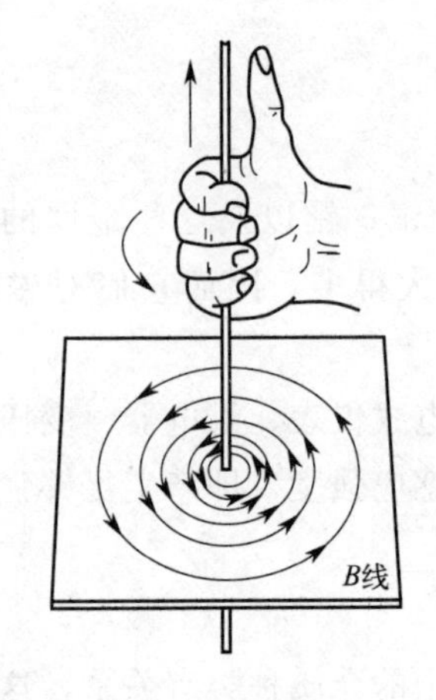

图 4-6　右手螺旋定则

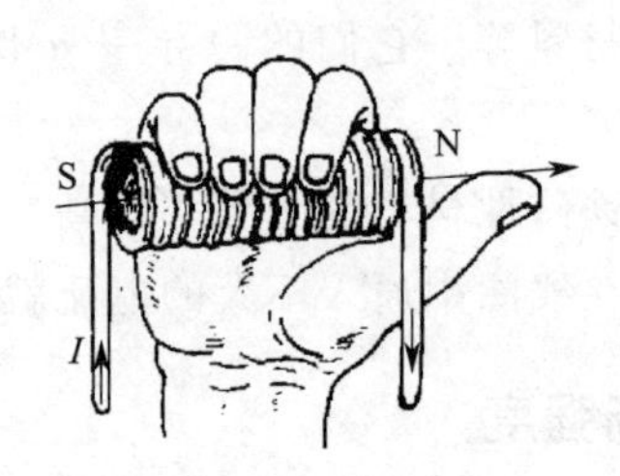

图 4-7　通电线圈磁场方向

通电直导线的右手螺旋定则和通电线圈的右手螺旋定则，在分析电磁感应问题时会经常用到，应熟练掌握。这里有必要提醒：两个定则虽都使用右手判断，但拇指和其余四指所代表的意义不同，不要搞错。

扩展阅读

电磁铁

电磁铁是利用通电的铁芯线圈产生磁场吸引衔铁而工作的电器，衔铁又与其他机械装置发生联动。当线圈电源断开时，电磁铁失去磁性，衔铁或者其他机构被释放。

电磁铁由线圈、铁芯和衔铁三部分组成。电磁铁常见结构如下图所示。

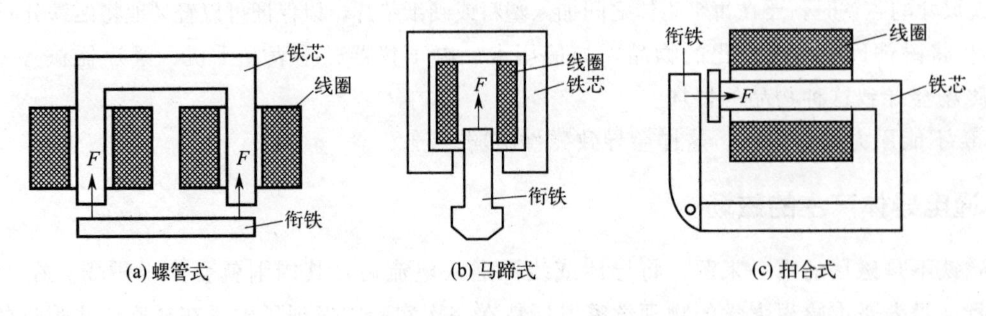

几种常见电磁铁结构

电磁铁的应用范围十分广泛，它可用在起重装置上吊运钢材、铁类工件；在生产设备上可用于牵引机械装置开启或开关各种阀门，以执行驱动任务，如洗衣机中的进水、排水阀；在一些磨床上，用电磁铁用来固定铁制工件；在电气控制中用作继电器和接触器的电磁系统、断路器的电磁脱扣器及操作电磁铁等；在机械制动装置中，主要用于对电动机进行制动，以达到快速停车的目的。

电磁吸力 F 是电磁铁的重要参数，其大小与气隙的截面积 S_0 及气隙中磁感应强度的平方成正比，计算公式为

$$F=\frac{10^7}{8\pi}\boldsymbol{B}_0^2 S_0$$

式中 F——电磁吸力，N；

$\boldsymbol{B}_0$——磁感应强度，T；

S_0——气隙的截面积，m^2。

电磁铁按使用的电流种类可分为直流电磁铁和交流电磁铁。

(1) 直流电磁铁　直流电磁铁使用直流电流励磁，在外部直流电压和线圈电阻一定时，线圈励磁电流恒定不变，所以磁通势 NI 也是恒定的。在通电时衔铁吸引过程中，气隙逐渐减小，磁通加大，吸引随之加大，直流电磁铁吸合后的吸引力要比吸引前大得多，这是直流电磁铁的一大优点。

(2) 交流电磁铁　在生产中交流电的使用比直流电更加广泛，容易获得，这使交流电磁铁的使用十分方便。交流电磁铁吸力大小受到交流电正弦变化的影响，并不像直流电磁铁那样恒定不变，是随时间不断变化的。例如工频 50Hz 的交流电源，交流电磁铁的吸力在 1s 内有 100 次为 0，会使衔铁颤抖。为了消除这种颤抖，可在磁极的部分端面套上一个分磁环，称为短路环，如下图所示。安装短路环后，磁通量分为穿过短路环的 Φ_1 和没有穿过短路环的 Φ_2，当磁通量发生变化时，短路环上感应电流阻碍了磁通量 Φ_1 的变化，使 Φ_1 和 Φ_2 之间出现相位差，两者不能同时为 0，从而减弱了衔铁的颤抖。

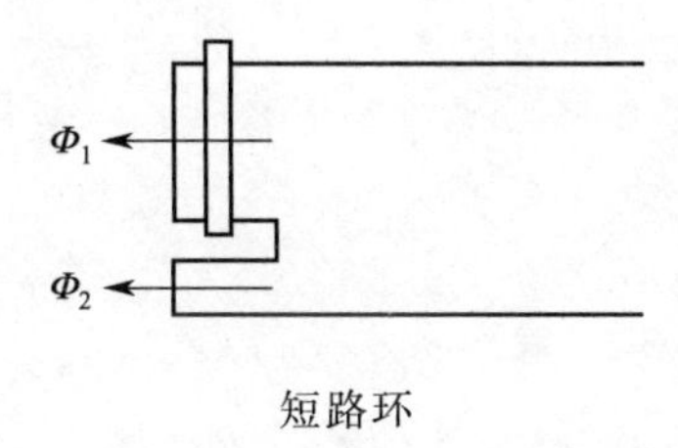

短路环

交流电磁铁与直流电磁铁的铁芯有所不同，为了减少铁损耗（磁滞损耗和涡流损耗），铁芯采用硅钢片叠压而成。交流电磁铁使用时，由于某些原因使通电后衔铁吸合不上，线圈中就流过较大电流造成线圈发热或者烧毁，这与直流电磁铁不同，需要注意。

进度检查

一、填空题

1. 我们把具有磁性的物质叫作磁体，磁体分为__________磁体和__________磁体

两类。磁体必须成对地带有________和________，两个磁极相互依存。

2. 在磁铁外部磁感线由________极出发回到________极，而在磁铁内部则由________极到________极，形成一条闭合曲线。

3. 磁感应强度的单位是____；磁场强度的单位是____。

二、计算题

在磁感应强度为1T的均匀磁场中，有一面积为$0.05m^2$的平面。求平面与磁场垂面方向的夹角为30°时，通过该平面的磁通量。

三、简答题

列举电磁铁在生活中的应用。

编号 FCJ-9-02

学习单元 4-2　磁场对电流的作用

学习目标： 在完成本单元学习之后，能够理解电磁力；会应用左手定则判断电磁力的方向；了解直流电动机工作原理。

职业领域： 化学、石油、环保、医药、冶炼、建材等

工作范围： 电工

一、电磁力

在磁场中通电的导体会受到磁场力的作用，这种力称为电磁力（又称安倍力，这是为了纪念安培在研究磁场对通电导线的作用方面的杰出贡献而命名的）。

电磁力可以通过一个简单的实验验证，在一块 U 形磁铁的两极之间，放置一根可自由移动的平直导体，如图 4-8 所示。

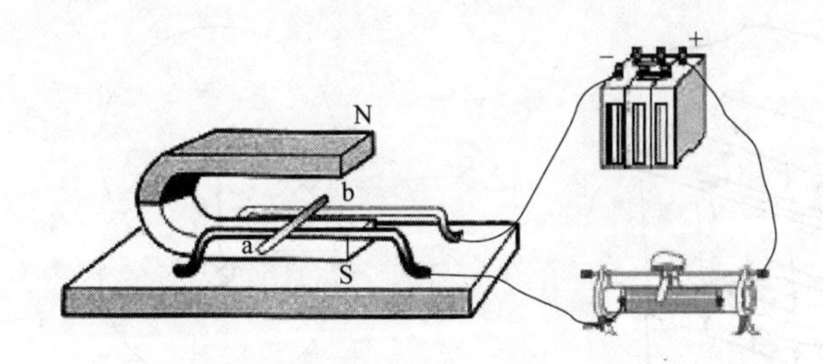

图 4-8　磁场对载流导体的作用力

当导线中没有通入电流时，导体会静止不动；接上电源后，导体中有电流通过时，就会看到通电导体向内移动，这说明磁场对载流导体有作用力。如果改变电源的极性，即导体中流过方向相反的电流，导体移动的方向就会相反，即向外移动。

一通入电流为 I、长度为 L 的直导线，置于磁感应强度为 $\boldsymbol{B}$ 的均匀磁场中，我们可以得到导线受到的电磁力的大小。

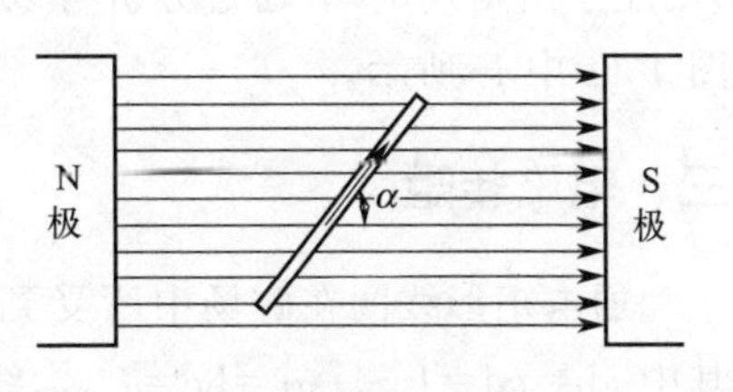

图 4-9　与磁场方向的夹角为 α 的通电导体所受的作用力

$$F=\boldsymbol{B}IL\sin\alpha$$

式中　α——导线中的电流方向与 $\boldsymbol{B}$ 方向之间的夹角，(°)；

$L\sin\alpha$——导体有效长度，m。

$L\sin\alpha$ 是垂直于磁场方向上的长度，如图 4-9 所示。

例： 在均匀磁场中，磁感应强度为0.5T，将通有电流为10A的直导体放入磁场中。若导体的长度为1.5m，求直导体与磁场分别成90°、30°和0°时，导体所受电磁力。

解： 当$\alpha=90°$时，电磁力为

$F=\boldsymbol{B}IL\sin\alpha=0.5\times10\times1.5\times1=7.5(\mathrm{N})$

当$\alpha=30°$时，电磁力为

$F=\boldsymbol{B}IL\sin\alpha=0.5\times10\times1.5\times0.5=3.75(\mathrm{N})$

当$\alpha=0°$时，电磁力为

$F=\boldsymbol{B}IL\sin\alpha=0.5\times10\times1.5\times0=0(\mathrm{N})$

二、左手定则

电磁力与导体中电流的方向和磁感线的方向有固定的关系，可以用左手定则来确定。方法是平伸左手，拇指与其余四指垂直，磁感线垂直穿过掌心，用四指指向电流的方向，则大拇指所指的方向就是通电导体所受作用力的方向，如图4-10所示。

电流周围会产生磁场，通电导线处于磁场中就要受到电磁力（除通电导线与磁场方向平行外）。我们可以用左手定则来分析两根平行通电导线相互作用力，分成两种情况进行讨论：两根导线中电流方向相同［图4-11(a)］与两根导线中电流方向相反［图4-11(b)］。图4-11中电流垂直流入纸面用“×”表示，垂直流出用“·”表示。

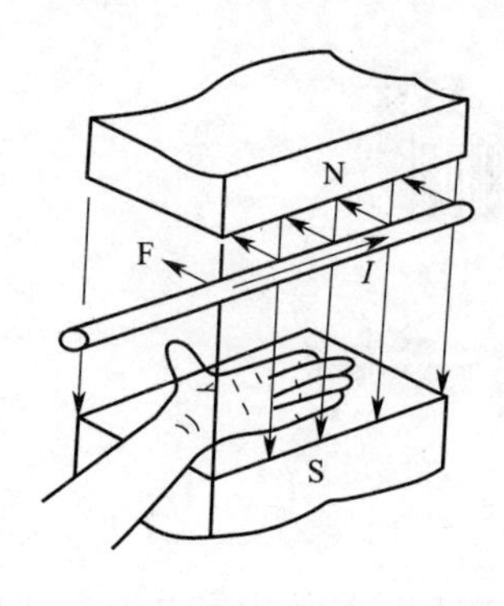

图4-10　左手定则

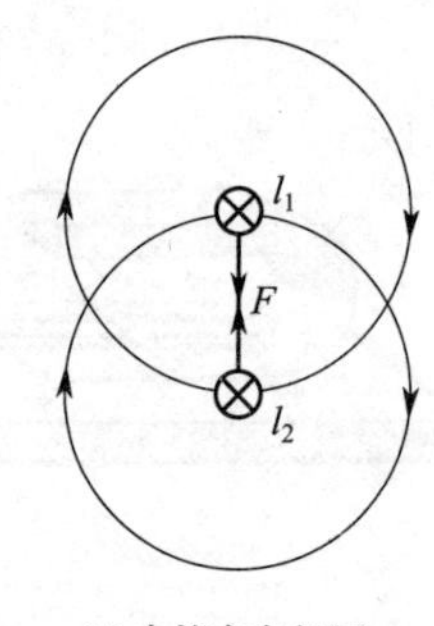

(a) 电流方向相同

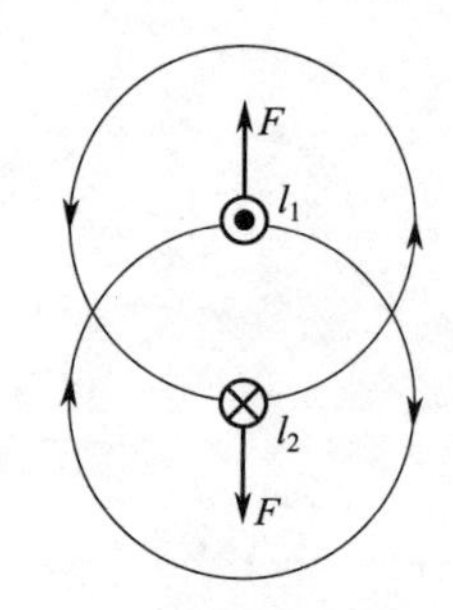

(b) 电流方向相反

图4-11　两根平行导线相互作用力分析

一根通电导线产生磁场（采用右手螺旋定则判定），会对另一根通电导线产生电磁力（用左手定则判定）。通过分析可以得出同向电流导线相互吸引，反向电流导线相互排斥，如图4-11中F所示。

三、电磁转矩

通电矩形线圈在磁场中所受到电磁转矩如图4-12所示，在均匀磁场中放入线圈abcd，其中ab=cd=L_1、ad=bc=L_2。线圈中的ad边和bc边与磁场平行，故不受电磁力；线圈中的ab边和cd边与磁场垂直，受到的电磁力大小为$F_1=\boldsymbol{B}IL_1$、$F_2=\boldsymbol{B}IL_2$。两个力大小相等，但是由于两边的电流方向相反，故两个力方向也相反，一上一下。两个力在线圈上形成力偶矩，使线圈绕轴O转动，其电磁转矩的大小为M。

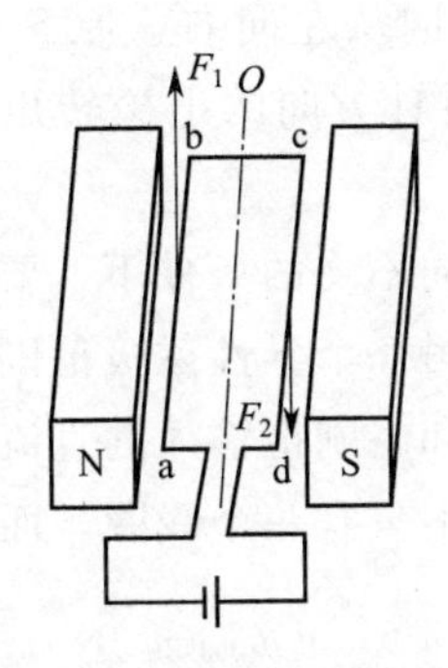

图 4-12　通电矩形线圈

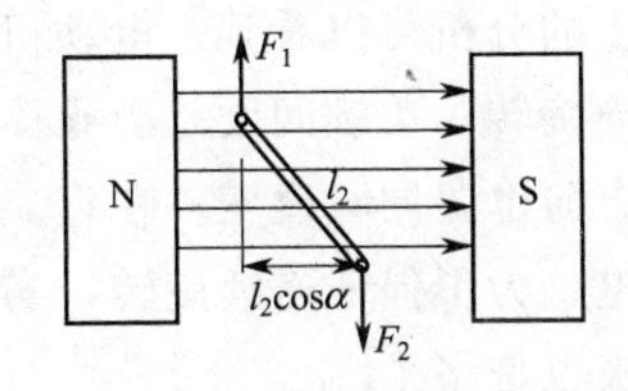

图 4-13　线圈与磁场方向的夹角为 α

当线圈与磁场方向平行时，电磁转矩为

$$M = \boldsymbol{B}IL_1L_2 = \boldsymbol{B}IS$$

当线圈与磁场方向的夹角为 α 时，如图 4-13 所示，电磁转矩为

$$M = \boldsymbol{B}IL_1L_2\cos\alpha = \boldsymbol{B}IS\cos\alpha$$

在上两式中，磁感应强度的单位为 T，电流单位为 A，线圈面积 S 的单位为 m^2 时，电磁转矩 M 的单位为 N·m。

如果线圈有 N 匝，则电磁转矩为

$$M = N\boldsymbol{B}IS\cos\alpha$$

当 $\alpha = 90°$ 时，电磁转矩为 0；当 $\alpha = 0°$ 时，电磁转矩为最大。

四、直流电动机工作原理

磁场对通电导体产生电磁力这一理论有广泛应用，如直流电动机、直流电流表等都是利用这一原理工作的。下面对直流电动机的运行原理进行分析。

将电刷 A、B 接到外部直流电源上，电刷 A 接正极，电刷 B 接负极。此时线圈 abcd 中将有电流流过，如图 4-14 所示。

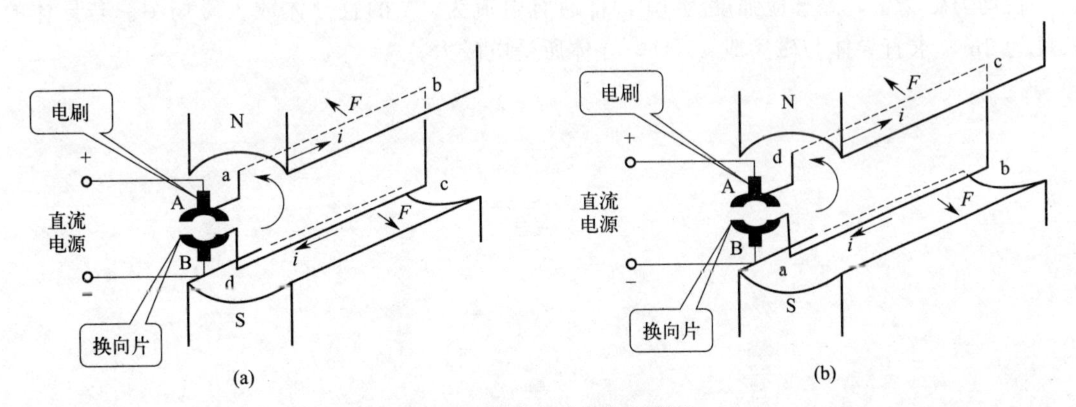

图 4-14　直流电动机物理模型

在图 4-14(a) 中，电流方向是 a—b—c—d，运用左手定则可以判定，在磁场 N 极下导体 ab 电磁力方向从右向左，S 极上导体 cd 电磁力方向从左向右。该电磁力形成逆时针方向的电磁转矩，电动机逆时针方向旋转。当线圈旋转 180°到图 4-14(b) 所示位置时，电流方

向是 d—c—b—a，原 N 极下导体 ab 转到 S 极上，电磁力方向从左向右，原 S 极上导体 cd 转到 N 极下，电磁力方向从右向左。该电磁力还是形成逆时针方向的电磁转矩。电动机在该电磁力形成的电磁转矩作用下继续逆时针方向旋转。

从以上的分析可以看到，电动机磁场方向和外部电压方向不变的条件下，要使线圈按照一定的方向旋转，关键问题是当导体从一个磁极范围内转到另一个异性磁极范围内时，导体中电流的方向也要同时改变。在直流电动机中，则用换向片和电刷把输入的直流电变为线圈中的交流电。为了保证连续旋转，实际的直流电动机中，也不只有一个线圈，而是有许多个线圈，磁极也是多个。

进度检查

一、填空题

1. 左手定则：平伸左手，拇指与其余四指__________，磁感线垂直穿过________，用四指指向__________的方向，则大拇指所指的方向就是通电导体所受作用力的方向。

2. 两根平等通电导线，同向电流导线相互________，反向电流导线相互________。

3. 在直流电动机中，用________和________把输入的直流电变为线圈中的交流电。

4. 电磁铁是由三部分组成：__________、__________和__________。

二、画出下图中电磁力方向。

(a)　　(b)　　(c)

三、计算题

在均匀磁场中，磁感应强度为 1T，将通有电流为 8A 的直导体放入磁场中。若导体的长度为 2m，求直导体与磁场成 45°时，导体所受电磁力。

编号 FCJ-9-03

学习单元 4-3　电磁感应

学习目标： 完成本单元学习后，能够理解电磁感应原理；会应用右手定则；了解直流发电机工作原理。

职业领域： 化学、石油、环保、医药、冶炼、建材等

工作范围： 电工

前面我们讨论了电流能够产生磁场的现象，即电生磁，还了解到磁场对电流有电磁力。反过来思考一下，磁是否可以生电呢？著名英国物理学家迈克尔·法拉第于 1831 年 8 月进行导体在磁场中运动的实验时发现，在一定条件下，导体也能产生电动势和电流，即磁也能生电。这种利用导体相对于磁场运动而切割磁感线或改变通过线圈的磁通量，使导体或线圈产生电动势获得电流的现象，称为电磁感应现象。由于电磁感应产生的电动势称为感应电动势。感应电动势在闭合回路中形成的电流叫作感应电流。

现代工业中的发电机、变压器、电抗器、互感器和电工仪表等都是运用电磁感应原理制造出来的。

一、直导体切割磁感线

如果直导体在均匀磁场中运动，且导体与磁感线、运动方向之间三者垂直，则感应电动势的公式如下。

$$e=\boldsymbol{B}lv$$

式中　e——导体的感应电动势，V；

$\boldsymbol{B}$——导体所在处的磁感应强度，T；

l——导体的有效长度，m；

v——导体切割磁感线的线速度，m/s。

例： 已知一根有效长度为 15cm 的直导线在磁感应强度（磁通密度）6000×10^{-4}T 的磁场中做垂直于磁力线方向的运动，其速度 $v=10$m/s，计算该导线中所产生的感应电动势的大小。

解： $e=\boldsymbol{B}lv=6000\times10^{-4}\times0.15\times10=0.9(\text{V})$

二、右手定则

导线中感应电流的方向与导线运动的方向和磁感线的方向有关。感应电动势的方向可以用右手定则来确定。右手定则是伸开右手，使大拇指与其余四指垂直，并且都跟手掌在一个平面内，让磁感线垂直进入手心，大拇指指向导体运动方向，四指的方向就是感应电动势方

向，如图 4-15 所示。

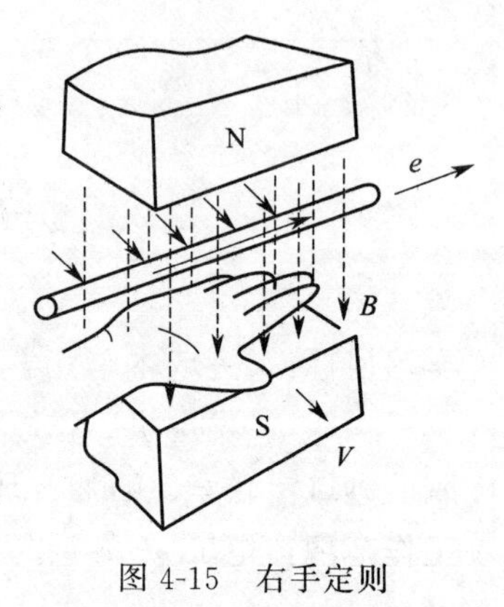

图 4-15 右手定则

对于左、右手定则的选用，从本质上讲，凡是属于磁场对电流作用的问题，使电能转换为机械能应用左手定则；凡是属于电磁感应现象的问题，使机械能转换为电能应用右手定则。对于右手定则，还要注意与右手螺旋定则的区分。

三、楞次定律

假设一个线圈置于磁场中，当通过该线圈的磁通量发生变化时，线圈中将有感应电动势产生。感应电动势 e 的公式为

$$e=-N\frac{d\Phi}{dt}$$

那么，当 N 匝线圈置于磁场中时 $\Psi=N\Phi$

式中 Ψ——磁链，Wb。

Ψ 表示 N 匝线圈所交链的总磁通。

感应电动势 e 和感应电流 i 的方向可以由楞次定律判断。楞次定律的定义：闭合回路中感应电流的方向，总是使它所激发的磁场来阻止引起感应电流的磁通量的变化。也就是说，当线圈中的原磁通增加时，感应电流就产生与它方向相反的磁通去阻碍它的增加（增反）；当线圈中的原磁通减少时，感应电流就产生与它方向相同的磁通去阻碍它的减少（减同）。感应电流的方向采用右手螺旋定则判定。

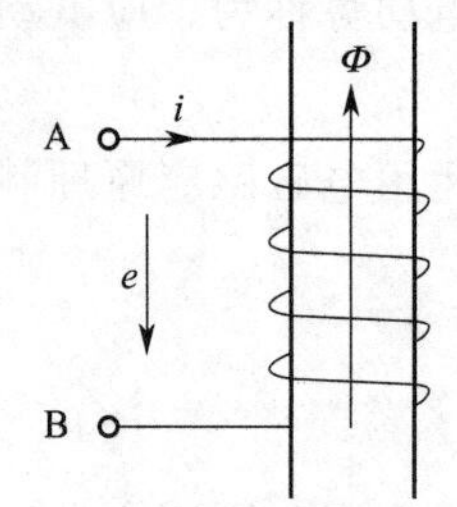

图 4-16 利用楞次定律判断 e 和 i 的方向

根据楞次定律，在图 4-16 中，判断感应电动势和感应电流的方向。

① 当从外部通过线圈的磁通量向上增加，$d\Phi/dt>0$，感应电流 i 的方向是从 B 到 A，产生方向向下的磁通去阻碍它的增加，这时感应电动势 e 的实际方向为 A 正、B 负。

② 当从外部通过线圈的磁通量向上减少，$d\Phi/dt<0$，感应电流 i 的方向是从 A 到 B，产生方向向上的磁通去阻碍它的减小，这时感应电动势 e 的实际方向为 B 正、A 负。

特别说明，由于线圈相当于一个电源，所以，感应电流从线圈流出端为感应电动势的正极，流入端为感应电动势的负极。

四、直流发电机工作原理

图 4-17 为直流发电机物理模型，N、S 为定子磁极，发电机工作时固定不动，abcd 是固定在可旋转导磁圆柱体上的线圈。线圈的首末端 a、d 连接到两个相互绝缘并可随线圈一同旋转的换向片上。转子线圈与外电路的连接是通过放置在换向片上固定不动的电刷 A、B 进行的。

当原动机驱动发电机逆时针旋转时，线圈 abcd 将产生感应电动势。如图 4-17(a) 所示，根据右手定则可以判定，导体 ab 在 N 极下，a 点高电位，b 点低电位；导体 cd 在 S 极上，c 点高电位，d 点低电位；从整个线圈来看，感应电动势的方向是 d—c—b—a；电刷 A 极性为正，电刷 B 极性为负。

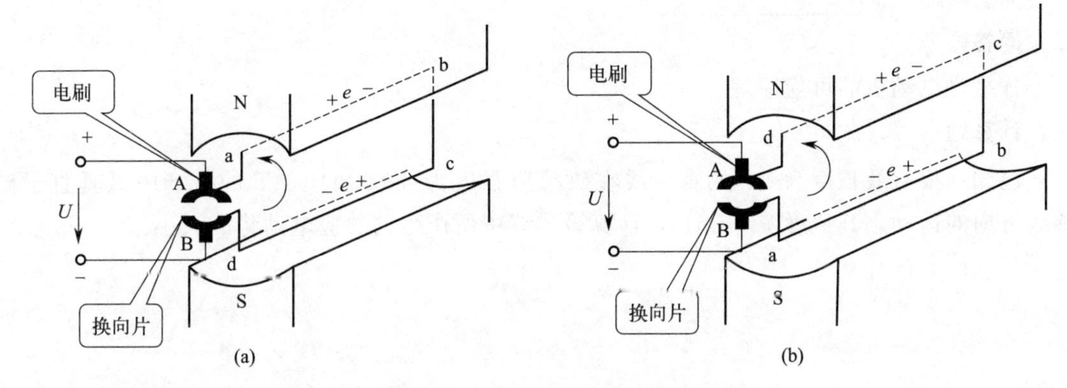

图 4-17　直流发电机物理模型

当原动机驱动发电机逆时针旋转 180°后，如图 4-17（b）所示。导体 ab 在 S 极上，a 点低电位，b 点高电位；导体 cd 在 N 极下，c 点低电位，d 点高电位；从整个线圈来看，感应电动势的方向是 a—b—c—d；电刷 A 极性仍为正，电刷 B 极性仍为负。

当线圈不停地旋转时，虽然与两个电刷接触的线圈不停地变化，但是，和电刷 A 接触的导体总是位于 N 极下，和电刷 B 接触的导体总是位于 S 极上，则电刷 A 的极性总是正的，电刷 B 的极性总是负的，在电刷 A、B 两端可获得方向不变的直流电动势。因此，由两电刷引出的是具有恒定方向的电动势，负载上得到的是恒定方向的电压和电流。也就是说，旋转时线圈 abcd 中感应电动势的方向不断交变，经过换向片和电刷整流后，得到外电路中的直流电。

直流发电机的电枢是根据实际需要确定线圈数量。线圈分布在电枢铁芯表面的不同位置，按照一定的规律连接起来，构成发电机的电枢（转子）绕组。磁极（N、S 极）也是根据需要交替分布在电枢上。

分析直流发电机和直流电动机的工作原理可以得出，一台直流电机可以当发电机用，也可以当电动机用，只是外部条件不同。当发电机用时，外部由原动机拖动，从电刷端引出直流电源；当电动机用时，外部在电刷端加上直流电源，转子旋转带动负载。同一台电机既能作发电机运行又能作电动机运行的，称为可逆原理。

进度检查

一、填空题

1. 由于电磁感应产生的电动势，称为＿＿＿＿＿＿＿。感应电动势在闭合回路中形成的电流，叫作＿＿＿＿＿＿＿。

2. 右手定则是伸开右手，使大拇指与＿＿＿＿＿＿＿垂直，并且都跟手掌在一个平面内，让磁感应线＿＿＿＿＿＿进入手心，大拇指指向导体运动方向，四指的方向就是感应电动势方向。

3. 根据楞次定律，当线圈中的原磁通增加时，感应电流就产生与它方向相反的磁通去阻碍它的＿＿＿＿＿＿＿＿＿；当线圈中的原磁通减少时，感应电流就产生与它方向相同的磁通去阻碍它的________。

二、简答题

什么是电动机的可逆原理？

三、计算题

已知一根有效长度为1m的直导线在磁感应强度为8000×10^{-4}T的磁场中做垂直于磁感线方向的运动，其速度$v=5$m/s，计算该导线中所产生的感应电动势的大小。

编号 FCJ-9-04

学习单元 4-4　交流电动机的原理

学习目标： 在完成本单元学习之后，能够认识交流电动机；了解三相交流电动机的结构；掌握三相交流电动机的工作原理。

职业领域： 化学、石油、环保、医药、冶炼、建材等

工作范围： 电工

电动机是根据电磁感应原理将电能转换为机械能的装置，它在电路中常用字母“M”表示。电动机广泛应用于工农业生产、交通运输等多个领域，对国民经济的发展起着重要作用。电动机按结构与工作原理划分如图 4-18 所示。

- 电动机
  - 直流电动机
  - 交流电动机
    - 同步电动机
    - 异步电动机
      - 笼型电动机
      - 绕线式电动机

图 4-18　电动机分类

三相交流异步电动机因其具有结构简单、使用方便、运行可靠、效率较高、成本低廉等优点，是应用最广泛而且需求量最大的一种电动机。机床、轨道交通、鼓风机、水泵、矿山机械等，绝大部分设备都采用三相交流异步电动机拖动。

一、三相交流异步电动机结构

三相交流异步电动机由定子和转子两大基本部分组成。定子是固定不动的部分，转子是旋转部分。为了使转子能够在定子中自由转动，定子、转子之间一般有 0.2～1.5mm 的空气隙。转子的轴支承在两边端盖的轴承之中。图 4-19 所示为三相交流异步电动机结构图。

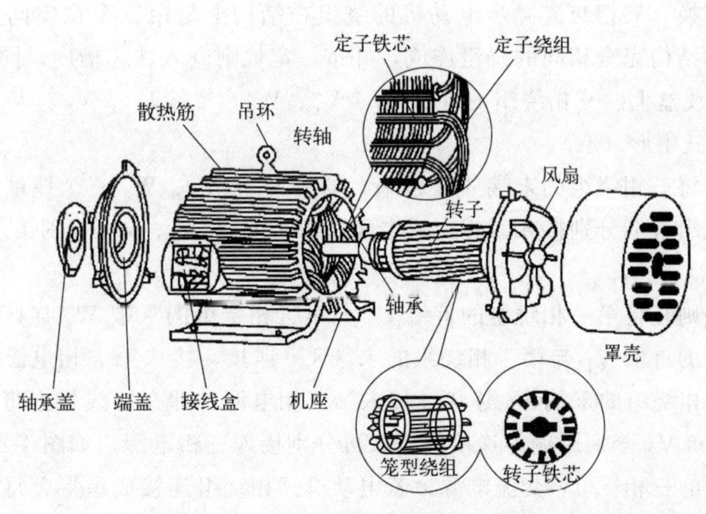

图 4-19　三相交流异步电动机结构图

1. 定子

定子是由定子铁芯、定子绕组和机座（外壳）等组成。

（1）机座（外壳）　机座起固定和支承定子铁芯的作用，两端的端盖还要支承转子部分，起轴承座的作用。因此，机座要具有良好的机械强度，在中小电动机中一般采用铸铁机座，在大型电动机中则采用钢板焊接机座。机座不但有支承作用，还要有散热功能。对于封闭式电动机，机座表面有增加散热面积的散热筋片，后端盖有散热风扇。

（2）定子铁芯　定子铁芯是异步电动机磁路的一部分，在铁芯内圆开有槽，用于放置定子绕组。为了减少铁芯损耗，一般用约 0.5mm 厚、导磁性能较好的硅钢片叠压而成，在硅钢片两面涂上绝缘漆起片间绝缘作用，如图 4-20 所示。

定子铁芯槽型有以下几种。

开口型槽：用以嵌放成型绕组，绕组绝缘方便，主要用在高压电动机中，如图 4-21(a) 所示。

半开口型槽：可嵌放成型绕组，一般用于大型、中型低压电动机。所谓成型绕组是指绕组可事先经过绝缘处理再放入槽内。如图 4-21(b) 所示。

半闭口型槽：电动机的效率和功率因数较高，但绕组嵌线和绝缘都较困难，一般用于小型低压电动机中，如图 4-21(c) 所示。

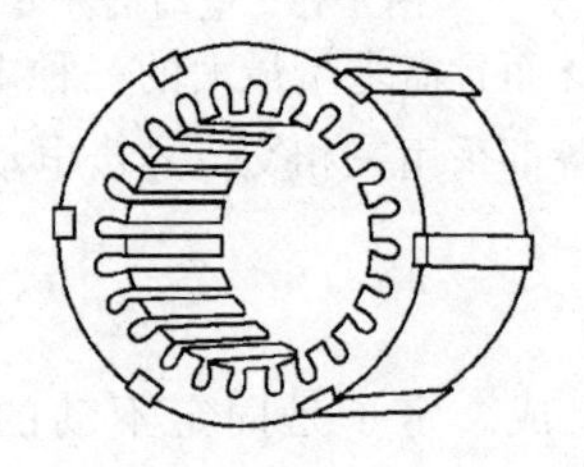

图 4-20　定子铁芯

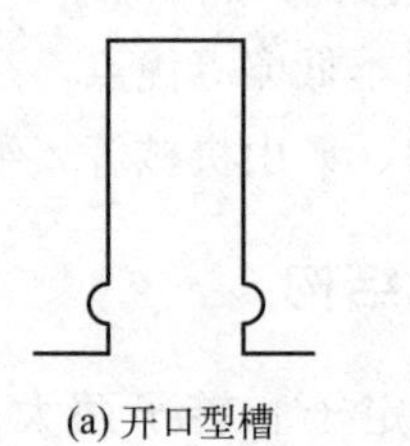

(a) 开口型槽

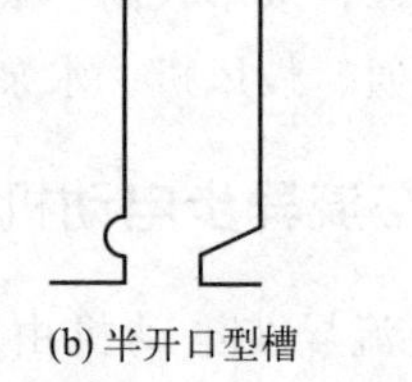

(b) 半开口型槽

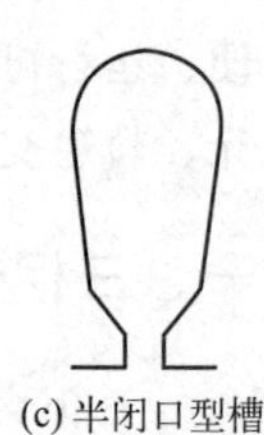

(c) 半闭口型槽

图 4-21　定子铁芯槽型

（3）定子绕组　定子绕组是电动机的电路部分，通入交流电流后产生感应电动势实现电能与机械能的转换。三相交流异步电动机的绕组在结构上是由三个在空间上互隔 120°电角度、均匀排列的结构完全相同的绕组连成，并按一定规则嵌入铁芯槽内，同时将三相绕组的 6 个线端接在接线盒上。三相绕组的首端 U_1、V_1、W_1，尾端 U_2、V_2、W_2，可以方便地接成星形（Y）或三角形（△）。

星形接法是将三相绕组的末端并联起来，即将 U_2、V_2、W_2 三个线端用铜片连接在一起，而将三相绕组首端分别接入三相交流电源，即将 U_1、V_1、W_1 分别接入 A、B、C 相电源，如图 4-22(a) 所示。

三角形接法则是将第一相绕组的首端 U_1 与第三相绕组的末端 W_2 连接，接入第一相电源；第二相绕组的首端 V_1 与第一相绕组的末端 U_2 连接，接入第二相电源；第三相绕组的首端 W_1 与第二相绕组的末端 V_2 连接，接入第三相电源，即在接线板上将线端 U_1 和 W_2、V_1 和 U_2、W_1 和 V_2 分别用铜片连接起来，再分别接入三相电源，如图 4-22(b) 所示。

注意：使用的三相 380V 交流电源，若电动机三相绕组连接成星形，每相绕组承受相电压 220V；若电动机三相绕组连接成三角形，每相绕组承受线电压 380V。

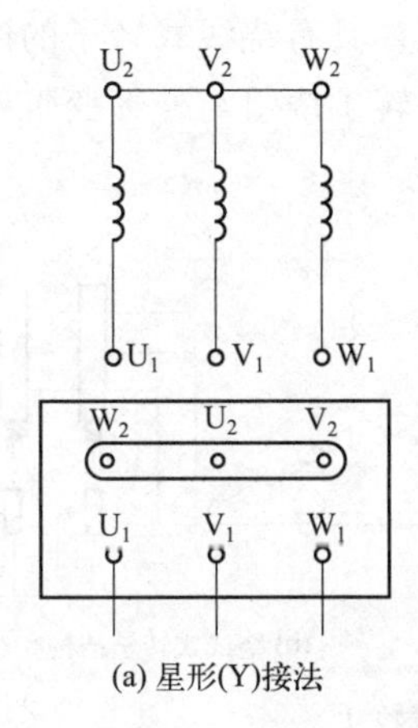

(a) 星形(Y)接法

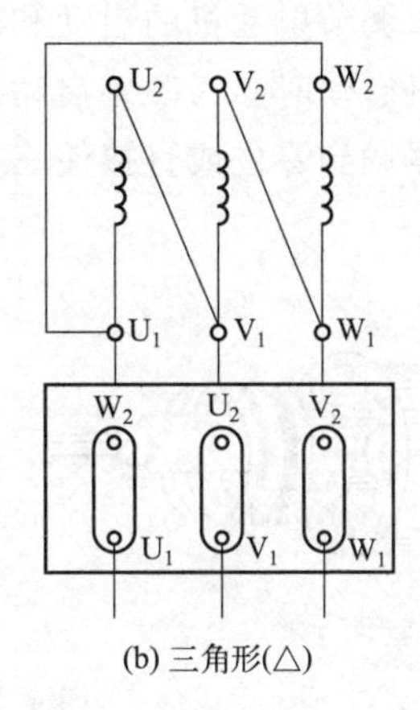

(b) 三角形(△)

图 4-22 定子绕组接法

2. 转子

转子是电动机的转动部分，由转子铁芯、转子绕组及转轴等部件组成。它的作用是带动其他机械设备旋转。

(1) 转子铁芯 转子铁芯的作用与定子铁芯基本相同，在铁芯槽内放置转子绕组，并作为电动机磁路的一部分，用来产生旋转力矩，拖动生产机械旋转。转子铁芯材料由 0.5mm 厚的硅钢片冲制、叠压而成，硅钢片外圆冲有均匀分布的孔，用来安置转子绕组，如图 4-23 所示。

图 4-23 转子铁芯

(2) 转子绕组 三相交流异步电动机按转子绕组的结构不同可分为绕线式转子和笼型转子两种。转子绕组工作时切割定子旋转磁场产生感应电动势及电流，并形成电磁转矩而使电动机旋转。

① 笼型转子。笼型转子是由安放在转子铁芯槽内的裸导体和两端的短路环连接而成的。若去掉转子铁芯，整个转子绕组就像一个笼子，如图 4-24 所示，故称其为笼型转子。一般笼型电动机采用铸铝绕组。这种转子是将熔化了的铝液直接浇注在转子槽内，并连同两端的短路环（端环）和风叶浇注在一起，该笼型转子也称铸铝转子，如图 4-25 所示。

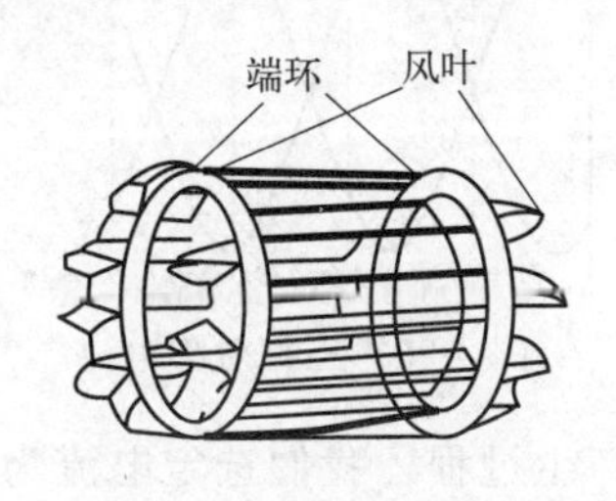

图 4-24 笼子形状

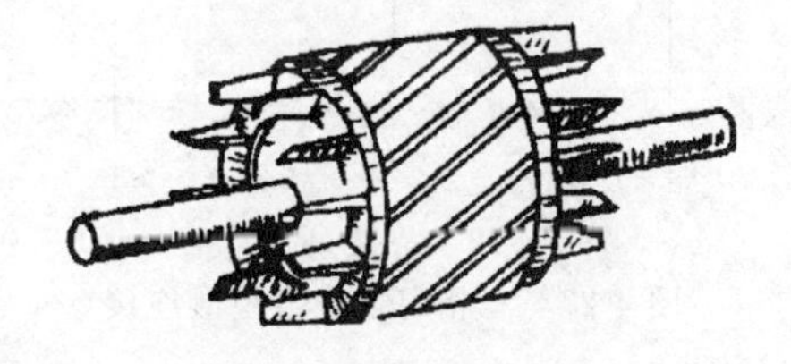
图 4-25 笼型转子

② 绕线式转子。绕线式转子绕组与定子绕组相似，采用绝缘导线绕制，并连成三相对称绕组，嵌放在转子槽内。三相转子绕组通常连接成星形，即三个末端连在一起，三个首端分别与转轴上的三个铜制滑环相连，通过滑环和电刷接到外部的变阻器上，如图 4-26 所示，

改善变阻器阻值可以调节电动机的启动和调速性能。具有绕线式转子的电动机称为绕线式电动机。绕线式电动机启动时，为改善启动性能，使转子绕组与外部变阻器相连；而在正常运转时，将外部变阻器调到零位或直接使三首端短接。

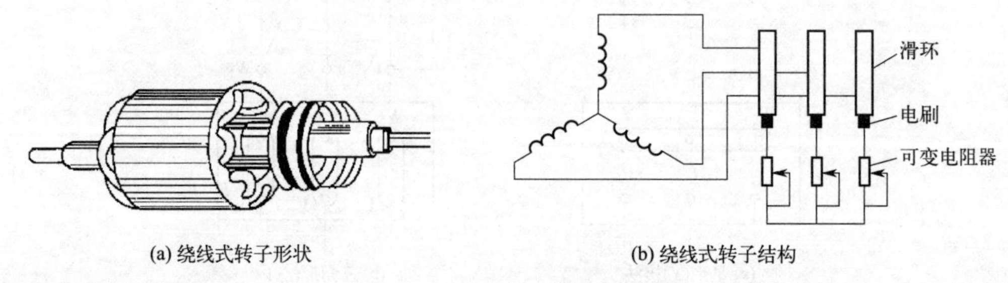

图 4-26　绕线式转子

绕线式电动机由于结构复杂、价格较贵，仅适用于要求有较大启动转矩及有调速要求的场合，如吊车、电梯、空气压缩机等设备上。

二、三相交流异步电动机工作原理

1. 旋转磁场的产生

三相绕组匝数相同、结构相同，在电动机内部空间位置彼此互差 120°。将三相绕组连接成星形，末端 U_2、V_2、W_2 相连，首端 U_1、V_1、W_1 接到三相对称电源上，如图 4-27 所示，则在定子绕组中通过三相对称的电流 i_U、i_V、i_W，如图 4-28 所示。

$$\begin{cases} i_U = I_m \sin\omega t \\ i_V = I_m \sin(\omega t - 120°) \\ i_W = I_m \sin(\omega t + 120°) \end{cases}$$

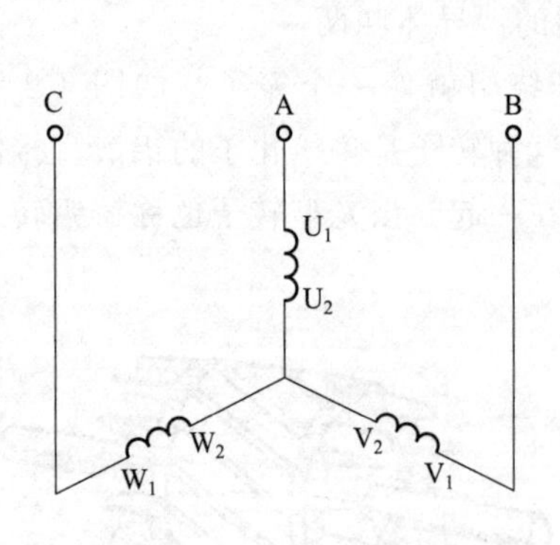

图 4-27　三相定子绕组星形连接

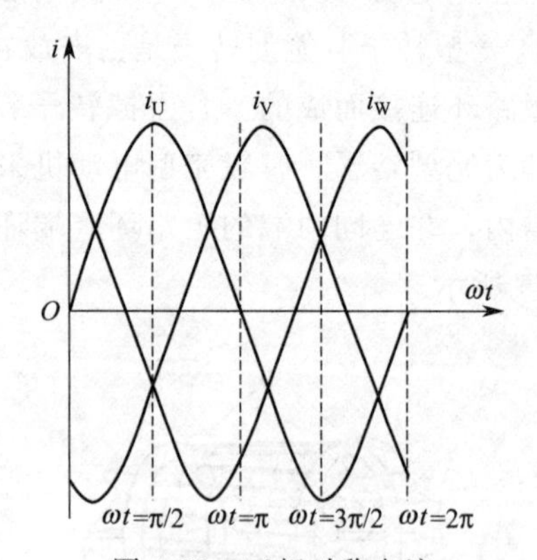

图 4-28　三相对称电流

为了方便分析三相交流异步电动机内部旋转磁场的产生过程，我们选定电流为正值时的方向是从绕组首端流入、末端流出；电流为负值时的方向是从末端流入、首端流出。同时，在 0～2π 这个区间，分析 0、π/2、π、3π/2 和 2π 五个瞬间旋转磁场的状态。注意：电流流入用“×”表示，流出用“·”表示。

① 在 $t=0$ 时刻（三相电流情况：$i_U=0$；i_V 为负值；i_W 为正值），U 相绕组内没有电流；V 相绕组电流为负值，说明电流由 V_2 流进，由 V_1 流出；而 W 相绕组电流为正，说明

电流由 W_1 流进，由 W_2 流出。运用右手螺旋定则，可以确定的磁场如图 4-29(a) 所示。

② 在 $t=\pi/2$ 时刻（i_U 为正值；i_V 为负值；i_W 为负值），U 相绕组电流为正，电流由 U_1 流进，由 U_2 流出；V 相绕组电流未变；W 相绕组电流由 W_1 流出，由 W_2 流进。合成磁场如图 4-29(b) 所示，同 $t=0$ 时刻相比，合成磁场沿顺时针方向旋转了 90°。

③ 在 $t=\pi$ 时刻（$i_U=0$；i_V 为正值；i_W 为负值），U 相绕组内没有电流；V 相绕组电流为正值，说明电流由 V_1 流进，由 V_2 流出；而 W 相绕组电流为负值，说明电流由 W_1 流出，由 W_2 流进，如图 4-29(c) 所示。同 $t=\pi/2$ 时刻相比，合成磁场沿顺时针方向又旋转了 90°，磁场的方向与 $t=0$ 时方向相反。

④ 在 $t=3\pi/2$ 时刻（i_U 为负值；i_V 为正值；i_W 为正值），与 $t=\pi$ 瞬间相比，合成磁场共旋转了 90°，如图 4-29(d) 所示。

⑤ 在 $t=2\pi$ 时刻，情况同 $t=0$ 时刻完全相同。此时交流电完成一个周期，如图 4-29(e) 所示。

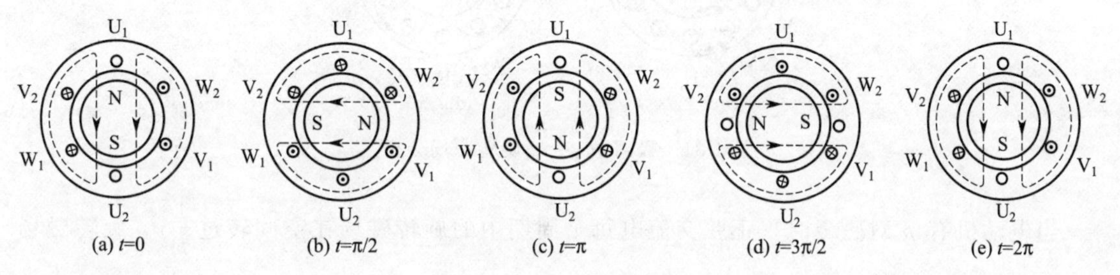

图 4-29　合成磁场与电流

由此可见，上述三相交流异步电动机为两极（极对数 $p=1$）时，当电流完成一个周期的变化，定子绕组所产生的合成磁场在空间旋转完一周。当通入的三相电流按规律不断变化，定子中的合成磁场也在空间不停旋转。

2. 旋转磁场的转速

在讨论旋转磁场转速前先分析一下定子绕组极数。我们将每相定子绕组分别由两个线圈串联而成，如图 4-30 所示。U 相绕组由线圈 U_1U_2 和 $U_1'U_2'$ 串联组成，V 相绕组由线圈 V_1V_2 和 $V_1'V_2'$ 串联组成，W 相绕组由线圈 W_1W_2 和 $W_1'W_2'$ 串联组成，当三相对称电流通过这些线圈时，便能产生四极（极对数 $p=2$，极数为 4）旋转磁场。

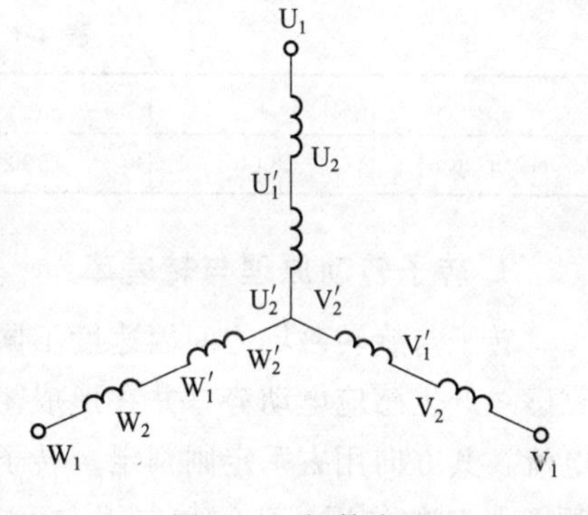

图 4-30　极数为 4

为了便于分析旋转磁场，我们选择 $0\sim\pi$ 中有一相电流为零的四个点，分别是 0、$\pi/3$、$2\pi/3$、π。

当 $t=0$ 时，$i_U=0$，i_V 为负值，i_W 为正值。即 U 相绕组电流为 0；V 相绕组电流为负值，由 V_2'流进，由 V_1'流出，再由 V_2 流进，由 V_1 流出；W 相绕组电流为正值，由 W_1 流进，由 W_2 流出，再由 W_1'流进，由 W_2'流出。此时，三相电流的合成磁场如图 4-31(a) 所示。

同理，分析当 $t=\pi/3$、$t=2\pi/3$、$t=\pi$ 这三个时刻的合成磁场的情况，分别如图 4-31 (b)、(c)、(d) 所示。四极旋转磁场在电流变化半周时，旋转磁场在空间旋转 90°，由此可以推出在电流变化一周时，旋转磁场在空间旋转 180°。由于电动机绕组极数增加，则旋转磁场的转速下降。

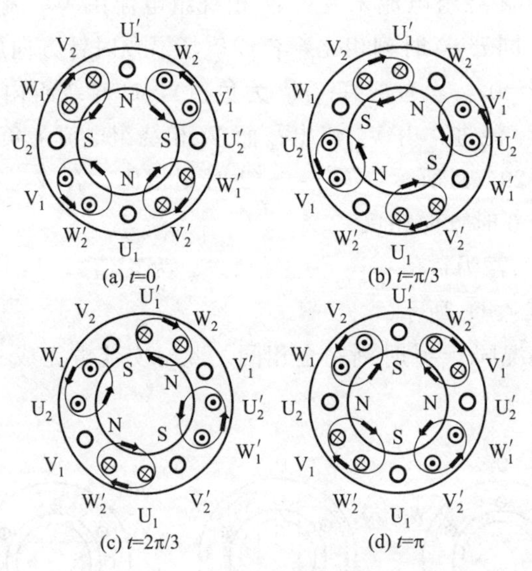

图 4-31　极对数 $p=2$ 旋转磁场分析

当电动机有 p 对磁极时，正弦交流电每个周期中的旋转磁场在空间转过$\frac{1}{p}$r。旋转磁场转速 n_1、交流电频率 f_1 和极对数 p 三者之间的关系为

$$n_1=\frac{60f_1}{p}$$

n_1 的单位为 r/min。旋转磁场的转速又称电机同步转速。在我国工频（$f_1=50\text{Hz}$）下，磁极对数为 p 的磁场转速 n_1 如表 4-1 所示。

表 4-1　磁极对数与磁场转速的关系

p	1	2	3	4	5	6
n_1/(r/min)	3000	1500	1000	750	600	500

3. 转子转动原理与转差率

转子与旋转磁场之间因速度不同产生相对运动，转子导体切割磁感线产生感应电动势，并在形成闭合回路的转子绕组中产生感应电流，其方向用右手定则判定。转子的感应电流在旋转磁场中受到磁场力 F 的作用，F 的方向用左手定则判定，如图 4-32 所示。磁场力在转轴上形成电磁转矩。转子在电磁转矩的推动下，与旋转磁场同方向以转速 n 转动。因转子导体中的电流是靠电磁感应产生，所以异步电动机又称感应电动机。如果转子转速与同步转速相等，则无法切割产生感应电流，电磁转矩为零，所以只有 $n<n_1$ 时转子才能旋转，所以我们将这种交流电动机称为异步电动机。

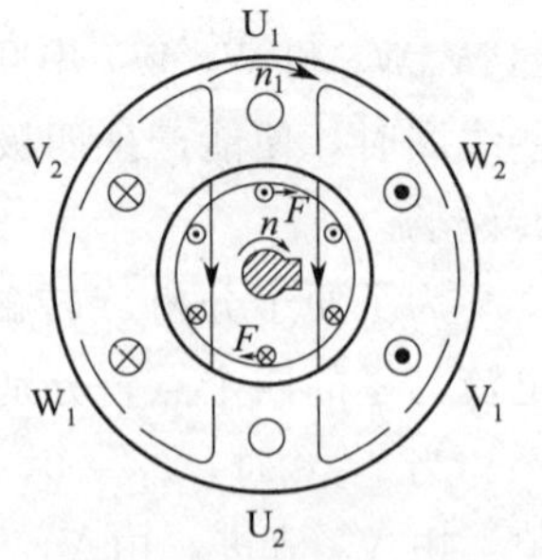

图 4-32　转子转动原理

将同步转速 n_1 和电动机转子转速 n 之差与同步转速 n_1 的比值称为转差率，用 s 表示。

$$s=\frac{n_1-n}{n_1}$$

例：有一台四极感应电动机，频率为 50 Hz，转速为 1440r/min，试求这台感应电动机的转差率。

解：因为磁极对数 $p=2$，所以同步转速为

$$n_1=\frac{60f_1}{p}=\frac{60\times50}{2}=1500(\mathrm{r/min})$$

转差率为

$$s=\frac{n_1-n}{n_1}\times100\%=\frac{1500-1440}{1500}\times100\%=4\%$$

转差率是异步电动机的一个重要参数，体现了转子与旋转磁场的相对运动速度。三相交流异步电动机在额定条件下运行时转差率很小，一般为 0.01～0.05。在电动机启动瞬间，$n=0$、$s=1$，转子与旋转磁场相对转速最大。

进度检查

一、填空题

1. 三相交流异步电动机由__________和__________两大基本部分组成。

2. 定子绕组可以接成__________或__________。

3. 转子绕组可以分为__________绕组和__________绕组两种。

4. 转子与旋转磁场之间因速度不同产生相对运动，转子导体切割磁感线产生感应电动势，并在形成闭合回路的转子绕组中产生感应电流，其方向用__________定则判定。转子的感应电流在旋转磁场中受到磁场力 F 的作用，F 的方向用__________定则判定。

二、计算题

某三相感应电动机的额定转速 $n_N=720\mathrm{r/min}$，频率 50Hz，求该电动机的极对数与额定转差率。

编号 FCJ-9-05

学习单元 4-5 热电阻测温传感器

学习目标： 在完成本单元学习之后，能够理解热电阻测温的原理；了解热电阻使用范围；掌握热电阻式温度传感器结构。

职业领域： 化学、石油、环保、医药、冶炼、建材等

工作范围： 电工

热电阻测量温度是利用导体或半导体的电阻值随温度变化的性质进行的，它将温度量转换为对应的电阻值。按热电阻的性质不同，热电阻分为金属热电阻和半导体热电阻两大类，金属热电阻简称热电阻，半导体热电阻称为热敏电阻。

一、热电阻的温度特性

热电阻的阻值随温度的变化可用电阻温度系数 α 来表示，其定义为

$$\alpha=\frac{R_{\mathrm{T}}-R_{\mathrm{T0}}}{R_{\mathrm{T0}}(T-T_0)}=\frac{1}{\Delta T}\times\frac{\Delta R}{R_{\mathrm{T0}}}$$

式中 R_{T0}——温度为 T_0 时热电阻的阻值，一般取 $T_0=0℃$；

R_{T}——温度为 T 时热电阻的阻值，一般取 $T=100℃$。

$$\alpha=\frac{R_{100}-R_0}{100R_0}$$

电阻温度系数 α 给出了温度每变化 1℃时热电阻阻值的相对变化量，由上式可知，α 是在 $T_0\sim T$ 的平均电阻温度系数。对于金属热电阻，$\alpha>0$，即电阻随温度升高而增加；对于半导体热敏电阻，α 可正可负；对于常用的 NTC 型热敏电阻，$\alpha<0$，即电阻随温度升高而降低。

二、金属热电阻

目前金属热电阻常用的材料为铂、铜、镍等（表 4-2），它们具有电阻温度系数大、线性好、性能稳定、使用温度范围宽、加工容易等特点。在这里重点介绍铂电阻。

表 4-2 金属热电阻的品种、代号、分度号和测量范围

热电阻名称	代号	0℃时电阻值 R_0/Ω	分度号	温度测量范围/℃
铂热电阻	IEC（WZP）	10	Pt10	0～850
		100	Pt100	−200～850
铜热电阻	WZC	50	Cu50	−50～150
		100	Cu100	

续表

热电阻名称	代号	0℃时电阻值R_0/Ω	分度号	温度测量范围/℃
镍热电阻	WZN	100	Ni100	−60～180
		300	Ni300	
		500	Ni500	

1. 铂电阻

铂（又称白金），银白色贵金属，熔点1772℃，沸点3827℃，是目前公认的制造热电阻的最好材料。它性能稳定、重复性好、测量精度高、抗氧化性好，其电阻值与温度之间有近似的线性关系，铂的电阻温度系数在0～100℃的平均值为3.9×10^{3}/℃。铂有很宽的温度范围，在1200℃以下都能保证上述特征。冶金上铂容易提纯，复现性好，具有良好的工艺性。缺点是电阻温度系数小、价格较高。

当温度t在−200～0℃范围内时，铂的电阻值与温度的关系可表示为

$$R_t=R_0[1+At+Bt^2+C(t-100)t^3]$$

当温度t在0～850℃范围内时，铂的电阻值与温度的关系为

$$R_t=R_0(1+At+Bt^2)$$

式中　R_t——温度t℃时的电阻值，Ω；

R_0——温度0℃时的电阻值，Ω；

A——常数，3.96847×10^{-3}℃$^{-1}$；

B——常数，-5.847×10^{-7}℃$^{-2}$；

C——常数，-4.22×10^{-12}℃$^{-4}$。

从以上两式可以看出，R_t不但与温度t有关，还与R_0有关。工业中统一设计的铂电阻有Pt100和Pt10两种，Pt100更常用。Pt100表示它的阻值在0℃时为100Ω；Pt10表示它的阻值在0℃时为10Ω。通过上述公式可以计算出Pt100在−20℃时阻值为92.16Ω，在200℃时阻值为175.86Ω。为了方便使用，将R_0与t的关系列成表格，称为分度表。

2. 铜电阻

铜电阻的特点是价格便宜，纯度高，重复性好，电阻温度系数大，$\alpha=(4.25\sim4.28)\times10^{-3}$/℃。铜电阻一般用于测量准确度要求不高、温度较低的场合（测温范围为−50～150℃），当温度再高时，裸铜就容易氧化。铜的电阻值与温度呈线性关系，可表示为

$$R_T=R_0(1+\alpha T)$$

3. 镍电阻

镍电阻的电阻温度系数α约为铂的1.5倍，使用温度范围为−50～300℃。但是，温度在200℃时，电阻温度系数具有奇异点，故多用于150℃以下的测温。它的阻值与温度的关系式为

$$R_t=100+0.5485t+0.665\times10^{-3}t^2+2.805\times10^{-9}t^4$$

镍的电阻温度系数大、电阻率高，可用于制成体积大、灵敏度高的热电阻。但由于容易氧化、化学稳定性差、不易提纯、重复性和线性度差，目前应用不多。

尽管导体或半导体材料的电阻值对温度的变化都有一定的依赖关系，但适用于制作温度

检测元件的并不多，因为热电阻必须满足以下五个条件。

① 要有尽可能大而且稳定的电阻温度系数。

② 电阻率在同样灵敏度下要减小元件的尺寸。

③ 电阻随温度变化要有单值函数关系，最好呈线性关系。

④ 在电阻的使用温度范围内，其化学和物理性能稳定，在加工时要有较好的工艺性。

⑤ 材料的价格便宜，有较高的性价比。

三、普通工业用热电阻式温度传感器

1. 热电阻式温度传感器结构

以金属热电阻作感温材料，再与内部导线和保护管一起，就组成了热电阻式温度传感器，如图 4-33 所示。

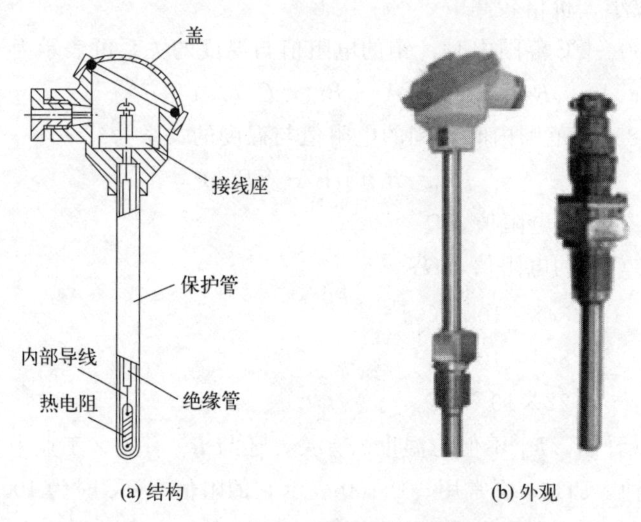

图 4-33 普通工业用热电阻式温度传感器

热电阻丝绕制在云母、石英、陶瓷、塑料等绝缘骨架上，固定后外加保护膜，绝缘骨架起到支撑和固定热电阻丝的作用，如图 4-34 所示。无论热电阻丝采用哪种材料，都要制成无感电阻，必须采用无感绕法，即先将热电阻丝对折起来进行双绕，使两个端头处于支架的同一端。

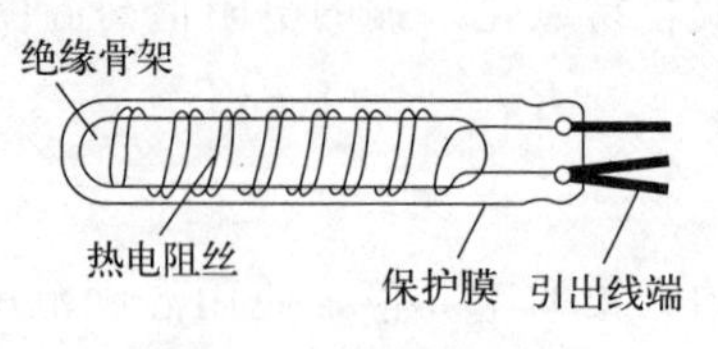

图 4-34 热电阻结构

2. 热电阻测量电路

热电阻测量电路多采用电桥电路，引线的安装方式对测量结果有很大影响。通常的引线方式有两线制、三线制和四线制。

两线制是在热电阻元件两端各连接一根导线，如图 4-35(a) 所示。这种方式简单，但是引线的电阻会影响测温的精度。因此，两线制用在引线不长、测温精度低的场合。

三线制在热电阻元件的一端连接两根引线，另一端连接一根引线，如图 4-35(b) 所示。采用三线制接法，引线的电阻分别接到相邻桥臂上且电阻温度系数相同，因而温度变化时引起的电阻变化也相同，使引线电阻变化产生的附加误差减小。工业上通常采用三线制接法。

四线制是在热电阻元件两端各连接两根导线，主要用于高精度测量。

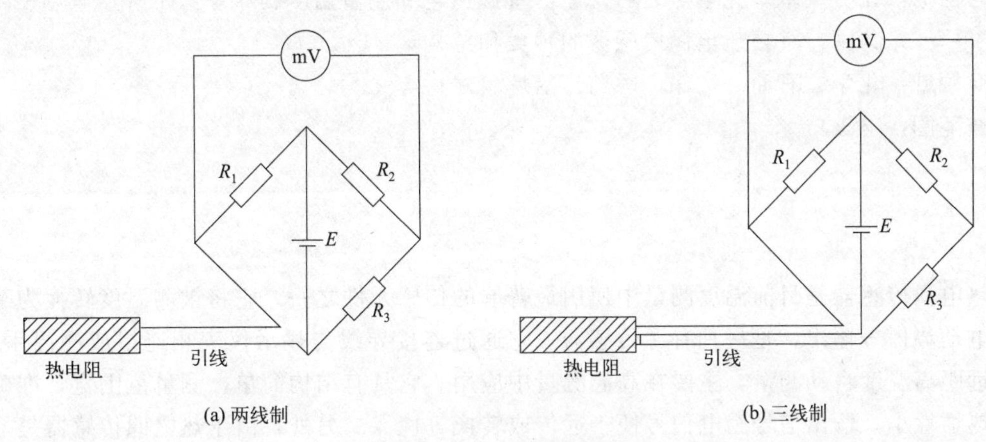

图 4-35 热电阻测量电路

进度检查

一、填空题

1. 按热电阻的性质不同，我们分为________热电阻和________热电阻两大类。

2. 铂是目前公认的制造热电阻的最好材料，它________、________、________和抗氧化性好，其电阻值与温度之间有很近似的线性关系。

3. 铜电阻一般测量准确度要求________、________的场合（其测温范围为－50～150℃），当温度再高时，裸铜就容易氧化。

4. 热敏电阻是一种阻值随着温度的变化而变化的半导体电阻器，由半导体电阻器件制成的传感器称为热敏电阻传感器，通常由________、________半导体材料制成。

5. 电阻随温度的升高而降低，具有________系数。

二、简答题

热电阻测量电路有哪几种？测量精度如何？

编号 FCJ-9-06

学习单元 4-6　热电偶传感器

学习目标： 在完成本单元学习之后，能够掌握热电偶测量温度的原理；了解热电偶使用范围；掌握热电偶传感器的种类和结构。

职业领域： 化学、石油、环保、医药、冶炼、建材等

工作范围： 电工

热电偶传感器是目前温度测量中使用最普遍的传感元件之一。它将被测温度转换为毫伏级热电动势信号输出，是一种有源传感器。它通过连接导线与显示仪表相连组成测温系统，实现远距离温度自动测量，主要在高温测量中应用。它具有结构简单，测量范围宽，准确度高，热惯性小，输出信号为电信号便于远传或转换等优点。另外，由于热电偶传感器是一种有源传感器，测量时不需外加电源，使用十分方便，还能用来测量流体、固体及固体壁面的温度。微型热电偶传感器还可用于快速及动态温度的测量。

一、热电效应原理

热电偶传感器测量温度基于热电效应原理，其基本原理是：两种不同材料的导体（或半导体）紧密结合，组成一个闭合回路，当两接触点温度 T 和 T_0 不同时，则在该回路中就会产生电动势。这种现象早在 1821 年，首先由塞贝克（Seeback）发现，所以又称塞贝克效应。在图 4-36 所示结构中，两种导体组成的回路称为“热电偶”，这两种导体称为“热电极”（图中导体 A、B），产生的电动势则称为“热电动势”，热电偶有两个接点，置于温度 T 的接触点称为测量端（热端），而温度为 T_0 的接触点称为参考端（冷端）。热电效应产生的电动势由接触电动势（帕尔帖电动势）和温差电动势（汤姆孙电动势）组成。

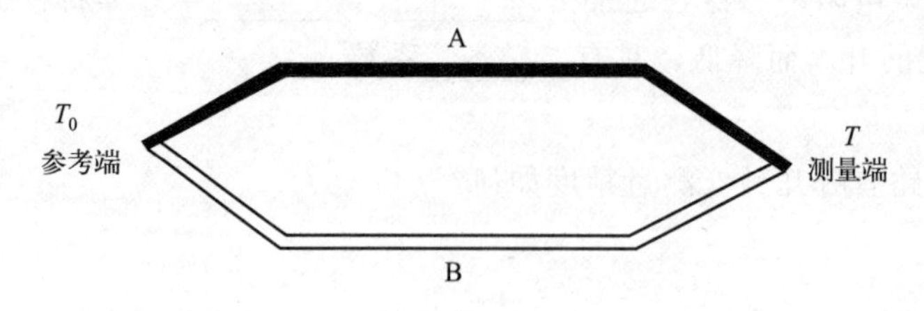

图 4-36　热电偶传感器基本原理

1. 接触电动势

两种不同的金属互相接触时，由于不同金属内自由电子的密度不同，在两金属 A 和 B 的接触点处会发生自由电子的扩散现象。自由电子将从自由电子密度大的金属 A 扩散到自由电子密度小的金属 B，使 A 失去电子带正电，B 得到电子带负电，从而产生电势，如图 4-37 所示。

当扩散达到平衡时，在两种金属的接触处形成电位差，称为接触电动势。接触电动势的数值取决于两种不同导体的材料特性和接触点的温度，而与导体的形状及尺寸无关。在温度为 T 时，两接触点的接触电动势可表示为

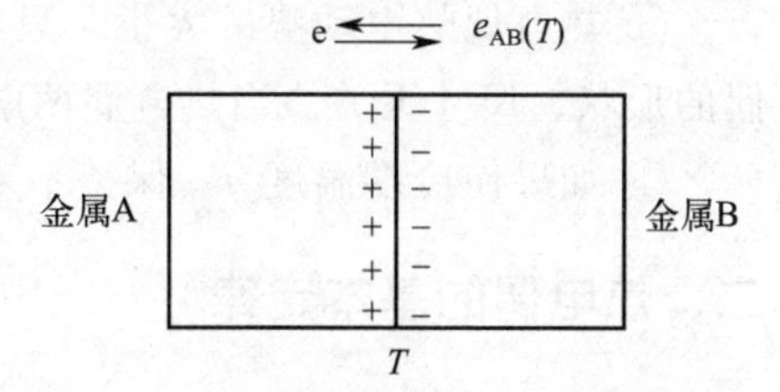

图 4-37　接触电动势原理

$$e_{AB}(T)=\frac{kT}{e}\ln\frac{n_A}{n_B}$$

式中　$e_{AB}(T)$——导体 A、B 接触点在温度 T 时形成的接触电动势，V；

e——单位电荷，$e=1.6\times10^{-19}$C；

k——玻尔兹曼常数，$k=1.38\times10^{-23}$J/K；

n_A，n_B——导体 A、B 在温度 T 时的自由电子密度，$1/m^3$。

2. 温差电动势

对于单金属，如两端的温度不同，同一导体的两端会产生一种电动势，称为温差电动势。原理是高温端的电子能量要比低温端的电子能量大，从高温端跑到低温端的电子数比从低温端跑到高温端的多，结果高温端因失去电子而带正电，低温端因获得多余的电子而带负电，在导体两端便形成温差电动势。其大小与金属材料的性质和两端的温差有关，温差电动势可表示为

$$e_A(T,T_0)=\int_{T_0}^{T}\sigma_A\mathrm{d}T$$

式中　$e_A(T,T_0)$——导体 A 两端温度为 T、T_0 时形成的温差电动势，V；

T，T_0——高低温端的绝对温度，℃；

σ_A——汤姆孙系数，μV/℃。

σ_A 表示导体 A 两端的温度差为 1℃时所产生的温差电动势，例如在 0℃时，铜的 $\sigma_A=2\mu V/℃$。

3. 热电偶的电动势

由导体材料 A、B 组成的闭合回路，其接触点温度分别为 T、T_0，如果 $T>T_0$，则一定存在着两个接触电动势和两个温差电动势。

回路总电动势：

$$E_{AB}(T,T_0)=e_{AB}(T)-e_{AB}(T_0)-e_A(T,T_0)+e_B(T,T_0)$$

式中，$e_{AB}(T)$和$e_{AB}(T_0)$ 分别为接触电动势，V；$e_A(T,T_0)$ 和 $e_B(T,T_0)$ 分别为温差电动势，V。

一般来说，在热电偶回路中接触电动势远远大于温差电动势，所以温差电动势可以忽略不计，上式可改写成

$$E_{AB}(T,T_0)=e_{AB}(T)-e_{AB}(T_0)=\frac{kT}{e}\ln\frac{n_A}{n_B}-\frac{kT_0}{e}\ln\frac{n_A}{n_B}=\frac{kT}{e}(T-T_0)\ln\frac{n_A}{n_B}$$

综上所述，可以得出以下结论。

① 如果热电偶两极材料相同，虽然两端温度不同，但闭合回路的总热电动势仍为零，因此，热电偶必须用两种不同的材料做电极。

② 如果热电偶两电极材料不同，而热电偶两端的温度相同，闭合回路中不产生热电动势。

③ 热电偶热电动势的大小，只与组成热电偶的材料和两接触点的温度有关，而与热电偶的形状、尺寸无关。当热电偶两电极材料固定后，热电动势便是两接触点的电动势差。

④ 如果使冷端温度 T_0 保持不变，则热电动势便成为热端温度 T 的单一函数。

二、热电偶的基本定律

1. 均质导体定律

由一种均质导体（导体内自由电子密度相同）组成的闭合回路中，不论导体的截面积和长度以及各处的温度分布如何，都不产生热电动势。

① 热电偶必须由两种不同性质的材料构成。

② 由一种材料组成的闭合回路存在温差时，若回路中产生热电动势，则说明该材料是不均匀的。据此，可以检查热电极材料的均匀性。

2. 中间导体定律

在热电偶回路中接入第三种导体，只要与第三种导体相连接的两接触点温度相同，则接入第三种导体后，对热电偶回路中的总电动势没有影响。假设在热电偶中接入第三种导体C，如图 4-38 所示，A 与 B 接触点处的温度为 T，AB 与 C 接触点处温度为 T_0。中间导体定律的证明过程如下：

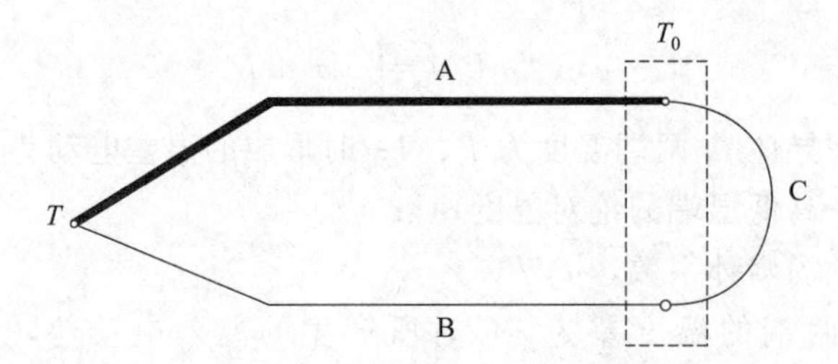

图 4-38　第三种导体接入热电偶回路

$$
\begin{aligned}
E_{\mathrm{ABC}}(T,0) &= e_{\mathrm{AB}}(T,0)+e_{\mathrm{BC}}(T,0)-e_{\mathrm{AC}}(T,0)\\
&=\frac{KT}{q}\ln\frac{n_{\mathrm{A}}(T)}{n_{\mathrm{B}}(T)}+\frac{KT_0}{q}\ln\frac{n_{\mathrm{B}}(T_0)}{n_{\mathrm{C}}(T_0)}-\frac{KT_0}{q}\ln\frac{n_{\mathrm{A}}(T_0)}{n_{\mathrm{C}}(T_0)}\\
&=\frac{KT}{q}\ln\frac{n_{\mathrm{A}}(T)}{n_{\mathrm{B}}(T)}+\frac{KT_0}{q}\left[\ln\frac{n_{\mathrm{B}}(T_0)}{n_{\mathrm{C}}(T_0)}+\frac{KT_0}{q}\ln\frac{n_{\mathrm{C}}(T_0)}{n_{\mathrm{A}}(T_0)}\right]\\
&=\frac{KT}{q}\ln\frac{n_{\mathrm{A}}(T)}{n_{\mathrm{B}}(T)}+\frac{KT_0}{q}\ln\frac{n_{\mathrm{B}}(T_0)}{n_{\mathrm{C}}(T_0)}\times\frac{n_{\mathrm{C}}(T_0)}{n_{\mathrm{A}}(T_0)}\\
&=\frac{KT}{q}\ln\frac{n_{\mathrm{A}}(T)}{n_{\mathrm{B}}(T)}+\frac{KT_0}{q}\ln\frac{n_{\mathrm{B}}(T_0)}{n_{\mathrm{A}}(T_0)}\\
&=E_{\mathrm{AB}}(T,0)-E_{\mathrm{AB}}(T_0,0)
\end{aligned}
$$

同理，在热电偶中接入第四、五、…、n 种导体，只要保证接入导体的两接触点温度相同，且是均质导体，则热电偶的热电动势不变。

3. 参考电极定律（标准电极定律）

如图 4-39 所示，已知热电极 A、B 分别与参考电极 C 组成热电偶，在接触点温度为

(T,T_0) 时的热电动势分别为 $E_{AC}(T,T_0)$ 和 $E_{BC}(T,T_0)$，则在相同温度条件下，参考电极C与各种电极配对时的总热电势为两热电极A、B配对后的电动势之差。

$$E_{AC}(T,T_0)-E_{BC}(T,T_0)=E_{AB}(T,T_0)$$

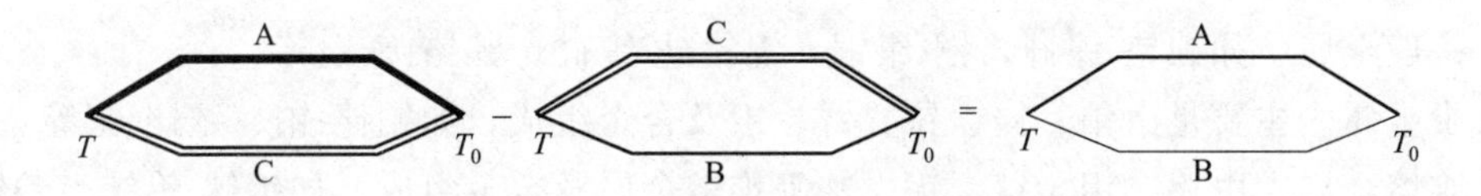

图4-39 第三种导体分别组成的热电偶

只要有热电极与参考电极配对的热电动势，那么任何两种热电极配对时的热电动势可利用参考电极定律计算，而不再需要逐个进行测定。因此，参考电极定律大大简化了热电偶的选配工作。

通常选用高纯铂丝作参考电极，只要测得它与各种金属组成的热电偶的热电动势，则各种金属之间相互组合成热电偶的热电动势就可根据参考电极定律计算出来。

4. 中间温度定律

在热电偶回路中两接触点温度分别为 T、T_0 时的热电动势，等于该热电偶在接触点温度为 T、T_n 和 T_n、T_0 相应热电动势的代数和，即

$$E_{AB}(T,T_0)=E_{AB}(T,T_n)+E_{AB}(T_n,T_0)$$

其等效示意图如图4-40所示。

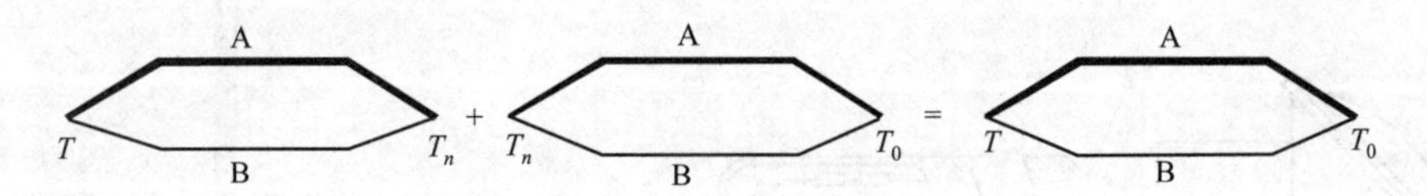

图4-40 热电偶中间温度定律示意图

热电偶的热电动势大小不仅与测量端的温度有关，而且也与参考端温度有关，只有当参考端温度恒定，通过测量热电动势的大小才可得到测量端的温度。工业现场测温时，由于热电偶的长度有限，参考端的温度会受到被测介质和周围环境的影响，很难保持稳定，因此需要使用补偿导线将参考端延长到一个温度稳定的地方。根据中间温度定律，只要选配与热电偶热电特性相同的补偿导线，就可使热电偶的参考端延长，提高测量可靠性。

三、热电偶材料

1. 热电偶材料的要求

在实际应用中，并不是所有材料都可以用于制作热电偶，为了工作可靠和有足够的测量精度，对组成热电偶的材料应有以下要求。

① 配对的热电偶应有较大的热电动势或者热电动势随着温度的变化率要大，并且热电动势随温度变化尽可能有线性的或者接近线性的关系。

② 能在较宽的温度范围内应用，热电性质稳定，不随时间和被测介质变化；性能稳定性好，不易发生明显的氧化或腐蚀。

③ 电阻温度系数小，导电性好。

④ 易于复制，工艺性与互换性好，材料要有一定的韧性，机械强度高，焊接性能好，以利于制作。

2. 电极材料的分类

① 一般金属。如镍铬-镍硅，铜-康铜，镍铬硅-镍硅，镍铬-康铜等。

② 贵金属。主要是由铂、铑、铱、钌、锇及合金组成，如铂铑-铂、铱铑-铱等。

③ 难熔金属。由钨、钼、铼、铌、锆等难熔金属及合金组成，如钨铼-钨铼、铂铑-铂铑等热电偶。

四、热电偶传感器基本结构类型

从结构上热电偶传感器可以分为普通型、铠装型和薄膜型三种。

1. 普通型热电偶传感器

普通型热电偶传感器在工业上应用广泛，它一般由热电极、绝缘套管、保护管和接线盒四部分组成，其结构如图 4-41 所示，外观如图 4-42 所示。普通型热电偶传感器主要用于测量气体、蒸汽和液体等介质的温度。

现在这类热电偶传感器已做成标准形式，可根据测量温度的范围和使用条件来选择合适的热电极材料及保护管。

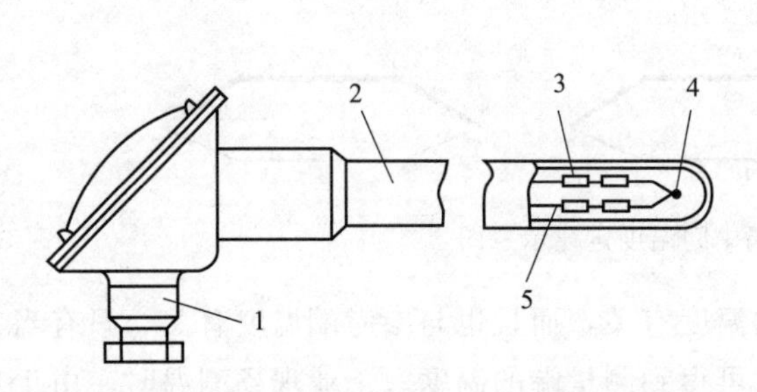

图 4-41 普通型热电偶传感器结构

1—接线盒；2—保护管；3—绝缘套管；4—测量端；5—热电极

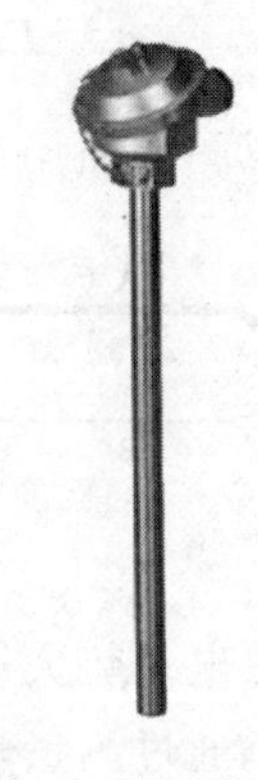

图 4-42 普通型热电偶传感器外观

(1) 热电极　热电极的直径由材料价格、电导率、机械强度和测量范围决定。热电极长度由安装条件、热电偶插入深度来决定，通常为 350～2000mm。

(2) 绝缘套管　绝缘套管的作用是防止两个热电极之间或者热电极与保护套管之间短路。绝缘套管的材料多采用陶瓷、高纯氧化铝等。

(3) 保护管　保护管的作用是使热电偶不直接与被测介质接触，以防受机械损伤或被介质腐蚀等。保护管应有足够的强度及刚度，物理、化学性能稳定，导热性能好。

2. 铠装型热电偶传感器

铠装型热电偶传感器是将热电偶丝、绝缘材料紧压在金属套管内，组成坚实组合体，如图 4-43 所示。它可以做得很细、很长，使用中能随着需要任意弯曲，如图 4-44 所示。与普通型热电偶传感器相比，具有外径小，热容量小，响应快，可任意弯曲，方便安装，套管内实心填充，适应冲击和振动等特点。

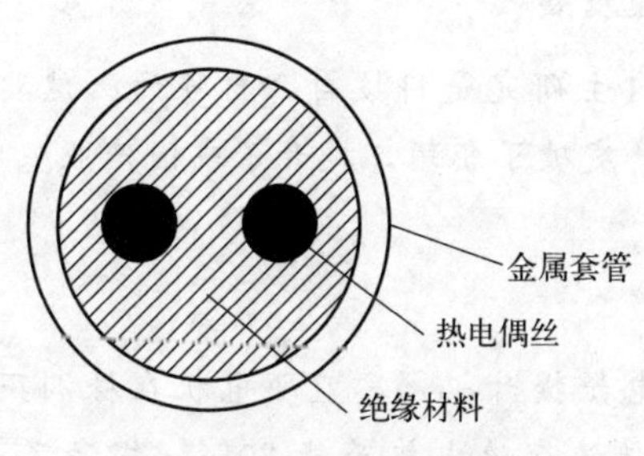

图 4-43 铠装型热电偶传感器结构

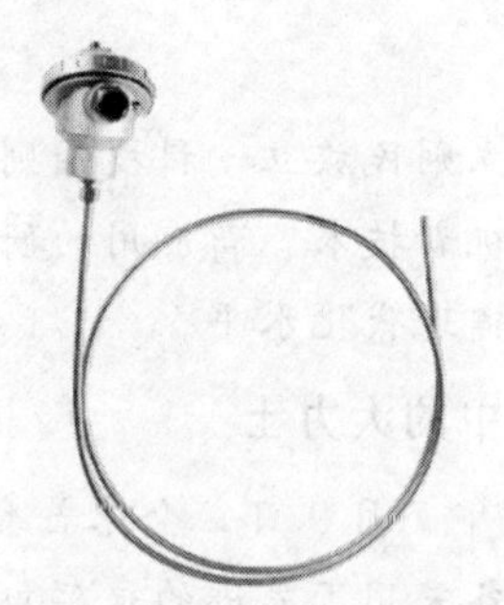

图 4-44 铠装型热电偶传感器外观

3. 薄膜型热电偶传感器

薄膜型热电偶传感器的结构可分为片状、针状等，它是将热电极材料附着在绝缘基板上形成的一层金属薄膜。薄膜型热电偶传感器的主要特点是热容量小，动态响应快，适宜测量微小面积和瞬间变化的温度，结构如图 4-45 所示。薄膜型热电偶传感器的电极类型有铁-康铜、铜-康铜、铁镍、镍铬-镍硅等，测温范围为－200～300℃。

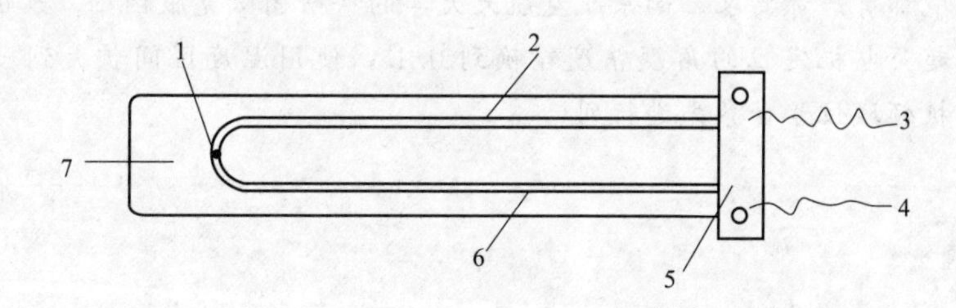

图 4-45 铁-镍薄膜型热电偶传感器结构

1—测量接点；2—铁膜；3—铁丝；4—镍丝；5—接头夹具；6—镍膜；7—衬架

进度检查

一、填空题

1. 热电效应中，电动势由________和__________两部分组成。

2. 热电偶必须由________不同性质的材料构成。

3. 普通型热电偶传感器工业上使用最多，它一般由_______、______、______和______组成。

4. 中间导体定律指出，由不同材料组成的闭合回路中，若各种材料接触点的温度都相同，则回路中热电动势的总和为____。

二、简答题

1. 什么是均质导体定律。

2. 简述热电极材料的要求。

素质拓展阅读

电机新技术引领行业发展

科技立则民族立，科技强则国家强。加强独立自主研究是科技自立自强的必然要求。近年来电机新技术、新应用的研究取得了重大成果，突破了瓶颈，提升了我国产业基础能力和产业链现代化水平。

电机中的大力士

2022年7月9日，全球首套驱动$55m^3$超大型电铲提升机永磁直驱电机在株洲下线。由于该设备采用了先进的永磁电机直接驱动，可比传统交流电机节能20%，提高了效率和能效水平。按其工作每小时节约100度电测算，全年有望节省80万度电，对应减少二氧化碳排放225t。代表电机发展新方向的永磁直驱电机具有转矩大、效率高、响应快等优点，目前已在矿山、冶金等行业应用，市场前景广阔。

超声电机助力探月工程

嫦娥五号探测器采用超声电机驱动光谱仪上的二维指向机构，与传统电机相比，超声电机具有精度高、响应快、无电磁干扰等优点。但是，嫦娥五号的工作环境对超声电机的精度和适用环境都有严苛要求。南京航空航天大学的科研团队克服困难，改进电路结构设计和材料，将超声电机定位的角度精度精确到0.1°，使用温度区间扩大到−55～120℃。我国在超声电机领域位于世界先进行列。

模块 5　安全用电

编号 FJC-10-01

学习单元 5-1　安全用电常识与技术措施

学习目标：在完成本单元学习之后，能够对触电有基本的正确认识；清楚正确防护触电的常识与技术措施。

职业领域：化学、石油、环保、医药、冶金、食品等

工作范围：电工

一、安全用电的意义

安全用电关系到人身安全及设备安全两个方面，具有十分重要的意义，它渗透在电工作业和电力管理的各个环节中。如果我们对电气安全工作的重要性认识不足，电气设备的结构或装置不完善，安装、维修、使用不当，错误操作或违章作业等，就会造成触电、短路、线路故障、设备损坏，遭受雷电、静电、电磁场等危害，或引发电气火灾和爆炸等事故。这些除会造成人员伤亡和财产损失外，还可能造成大面积停电事故，给国民经济带来不可估量的损失。

当前全世界每年死于电气事故的人数，约占全部工伤事故死亡人数的 25%，电气火灾占火灾总数的 14%以上。安全用电是衡量一个国家用电水平的重要标志之一。

综上所述，搞好电气安全工作，预防工伤及职业危害，是直接关系到国民经济发展和人民生命财产安全的大事。必须坚定不移地坚持“安全第一，预防为主”的方针，建立和完善安全监察体系，严格执行各项规章制度，认真执行安全技术措施和反事故技术措施。如果搞好电气安全和其他各项劳动保护工作，就一定能促进安全生产，保障改革开放的顺利进行及国家现代化事业的更快发展。

二、安全用电常识

1. 人触电的死亡原因

人体组织中 60%以上由含有导电物质的水分组成，因此人体是良导体。例如，当人体接触设备的带电部分并形成电流通路时，就会有电流流过人体，导致触电。触电过程是电流作用于心肌→心室颤动（1000 次/min）→血液中止循环→大脑和全身缺氧→人死亡。

2. 触电的种类

触电分为电击和电伤两大类。

（1）电击　电击是指电流通过人体内部，影响心脏、呼吸系统和神经系统的正常功能，

造成人体内部组织的损坏。它可使肌肉抽搐、内部组织损伤，造成发热、发麻、神经麻痹等，严重时将引起昏迷、窒息甚至心脏停止跳动、血液循环中止进而死亡。通常说的触电，就是指电击。触电死亡中绝大部分由电击造成。

（2）电伤　电伤是在电流的热效应、化学效应、机械效应以及电流本身的作用下造成的人体外伤，常见的有灼伤、烙伤和皮肤金属化等。

灼伤由电流的热效应引起，主要是电弧灼伤，造成皮肤红肿、烧焦或皮下组织损伤；烙伤由电流的热效应或力效应引起，是皮肤被电气发热部分烫伤或人体与带电体紧密接触而留下肿块、硬块，使皮肤变色等；皮肤金属化由电流的热效应或化学效应导致熔化的金属微粒渗入皮肤表层，使受伤部位皮肤带金属颜色且留下硬块。

3. 电流伤害人体的因素

电击是由电流流过人体引起的，它造成伤害的严重程度与电流大小、频率、通电的持续时间、流过人体的路径及触电者本身情况有关。流过人体的电流越大，触电时间越长，危害就越大。

伤害程度一般与下面几个主要因素有关。

① 通过人体电流的大小。对于工频交流电，根据通过人体电流的大小和人体呈现的不同状态，可将电流划分为三级。

感知电流：能引起人感觉的最小电流。成年男性的平均感知电流约为 1.1mA，成年女性约为 0.7mA。

摆脱电流：人触电后能自主摆脱电源的最大电流。成年男性约为 9mA，成年女性约为 6mA。

致命电流：在短时间内危及生命的最小电流。

电击致死大多是电流引起心室颤动造成的。1mA 的工频电流通过人体就会使人有不舒服的感觉。50mA 的工频电流就会引起心室颤动，使人有生命危险。100mA 的工频电流则足以致人死亡。

② 电流通过人体时间的长短。

③ 电流通过人体的部位。电流通过心脏和大脑时，人最容易死亡；电流纵向通过人体比横向通过时更易于发生心室颤动，危害性更大。所以头部触电及左手到右手的触电最危险。

④ 通过人体电流的频率与电流伤害人体程度的关系，如表 5-1 所示。

表 5-1　通过人体电流的频率与电流伤害人体程度的关系

频率/Hz	10	25	50	60	80	100	120	200	500	1000
死亡率/%	21	70	95	91	43	34	31	22	14	11

4. 触电方式

按照人体触及带电体的方式和电流通过人体的路径，触电方式有单相触电、两相触电、接触电压触电及跨步电压触电。

（1）单相触电　人体的某部位在地面或其他接地导体上，另一部分触及一相带电体的触电事故称为单相触电，如图 5-1(a) 所示。

（2）两相触电　人体两处同时触及两相带电体时称为两相触电。这时加到人体的电压为线电压，是相电压的 $\sqrt{3}$ 倍。通过人体的电流只决定于人体的电阻和人体与两相导体接触处的接触电阻之和。两相触电是最危险的触电，如图 5-1(b) 所示。

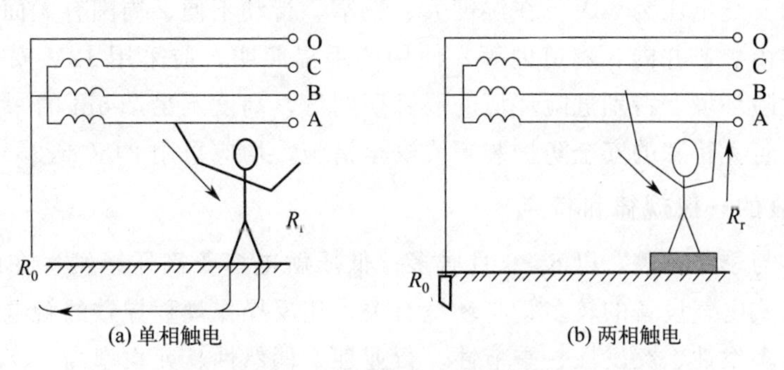

图 5-1　单相触电和两相触电

（3）接触电压触电　电气设备的外壳正常情况是不带电的，由于某种原因使外壳带电，人体与电气设备的带电外壳接触而引起的触电称为接触电压触电。

（4）跨步电压触电　雷电流入地或载流电力线（特别是高压线）断落到地时，会在导线接地点及周围形成强电场。其电位分布以接地点为圆心向周围扩散，逐步降低而在不同位置形成电位差（电压）。当人、畜跨进这个区域，两脚之间的电压称为跨步电压。在这种电压作用下，电流从接触高电位的脚流进，从接触低电位的脚流出，这就是跨步电压触电。

5. 触电的常见原因

触电的场合不同，引起触电的原因也不同。下面根据在工农业生产、日常生活所发生的不同触电案例，将常见触电原因归纳如下。

（1）线路架设不合规格　室内外线路对地距离、导线之间的距离小于允许值，通信线、广播线与电力线间隔距离过近或同杆架设，线路绝缘破损，有的地区为节省电线而采用一线一地制送电等。

（2）电气操作制度不严格、不健全　带电操作、不采取可靠的保护措施；不熟悉电路和电器，盲目修理；救护及触电的人，自身不采用安全保护措施；停电检修时，不挂警告牌；检修电路和电器时，使用不合格的安保工具；人体与带电体过分接近，又无绝缘措施或屏保措施；在架空线上操作，不在相线上加临时接地线；无可靠的防高空跌落措施等。

（3）用电设备不合要求　电气设备内部绝缘损坏，金属外壳又未加保护接地措施或保护接地线太短、接地电阻太大；开关、闸刀、灯具、携具或电器绝缘外壳损坏，失去防护作用；开关、熔断器误装在中性线上，一旦断开，就使整个线路带电。

（4）用电不谨慎　违反布线规程，在室内乱拉电线，随意加大熔断器熔丝规格；在电线上或电线附近晾晒衣物；未断电源移动电器；打扫卫生时，用水冲洗或湿布擦拭带电电器或线路等。

6. 安全电压

电对人体的安全条件通常采用安全电压，而不是安全电流。这是因为影响电流变化的因素很多，而电力系统的电压却是比较恒定的。不带任何防护设备，对人体各部分组织（如皮肤、神经系统、心脏、呼吸系统等）均不造成伤害的电压值，称为安全电压。世界各国对于安全电压的规定有50V、40V、36V、25V、24V等，其中以50V、25V居多。

国际电工委员会（IEC）规定安全电压限定值为50V。我国规定6V、12V、24V、36V、42V五个电压为安全电压等级，不同场合选用的安全电压等级不同。

一般环境的安全电压为36V。在湿度大、狭窄、行动不便、周围有大面积接地导体的场所（如金属容器内、矿井内、隧道内等）使用的手提照明，应采用12V安全电压。凡手提照明器具，在危险环境、特别危险环境的局部照明灯，高度不足2.5m的一般照明灯，携带式电动工具等，若无特殊的安全防护装置或安全措施，均应采用24V或36V安全电压。

7. 触电事故的一般规律和特点

（1）规律　与季节有关，以6～9月居多；低压触电多于高压；发生在电气连接部位的较多；使用移动式电气设备的较多；与环境有关，违反操作规程导致的触电事故多。

（2）特点　多发性、突发性、季节性、行业性、偶然性、死亡率高。

三、预防触电的技术措施

1. 基本安全用电措施

（1）合理选用导线和熔丝　各种导线和熔丝的额定电流值可以从手册中查到。选用导线时应使其载流能力大于实际输电电流。熔丝额定电流应与实际输电电流相符，切不可用导线或铜丝代替。

（2）正确安装和使用电气设备　认真阅读使用说明书，按规程安装电气设备。例如，严禁带电部分外露，注意保护绝缘层，防止绝缘电阻降低而产生漏电，按规定进行接地保护等。

（3）开关必须接相线　单相电器的开关应接在相线（俗称火线）上，切不可接在零线上，以便在开关断开状态下维修及更换电器，从而减少触电的可能。

（4）合理选择照明灯电压　在不同的环境下按规定选用安全电压，在工矿企业一般机床的照明灯电压为36V，移动灯具等电源的电压为24V，特殊环境下照明电压有12V或6V。

（5）防止跨步电压触电　应远离断落地面的高压线8～18m，不得随意触摸高压电气设备。

2. 安全用具措施

常用的有绝缘手套、绝缘靴、绝缘棒三种。

（1）绝缘手套　由绝缘性能良好的特种橡胶制成，分为高压、低压两种。操作高压隔离开关和油断路器等设备时、在带电运行的高压和低压电气设备上工作时使用，预防接触电压。

使用绝缘手套要注意：使用前要进行外观检查，检查有无穿孔、损坏；不能用低压手套操作高压设备等。

（2）绝缘靴　绝缘靴也是由绝缘性能良好的特种橡胶制成，带电操作高压或低压电气设备时使用，防止跨步电压对人体的伤害。

使用绝缘靴前要进行外观检查，不能有穿孔损坏，要保持在绝缘良好的状态。

（3）绝缘棒　绝缘棒又称令克棒、绝缘拉杆、操作杆等，一般用电木、胶木、塑料、环氧玻璃布等材料制成。绝缘棒主要用于操作高压隔离开关、跌落式熔断器，安装和拆除临时接地线以及进行测量和实验等工作。常用的规格有500V、10kV、35kV。

使用绝缘棒时要注意下面几点：一是棒表面要干燥、清洁；二是操作时应戴绝缘手套，穿绝缘靴，站在绝缘垫上；三是绝缘棒规格应符合规定，不能任意取用。

3. 专业技术措施

（1）绝缘措施　良好的绝缘是保证电气设备和线路正常运行的必要条件。例如，新装或大修后的低压设备和线路，绝缘电阻不应低于0.5Ω；高压线路和设备的绝缘阻值不低于1000Ω/V。

绝缘材料的选用必须与该电气设备的工作电压、工作环境和运行条件相适应，否则容易击穿。常用的电工绝缘材料如瓷、玻璃、云母、橡胶、木材、塑料、布、纸、矿物油等，其电阻率多在$10^9\Omega\cdot cm$以上。但应注意，有些绝缘材料如果受潮，会降低甚至丧失绝缘功能。

（2）屏护措施　采用屏护装置将带电体与外界隔绝开来，以杜绝不安全因素的措施叫屏护措施。常用的屏护装置有遮挡围栏、护罩、护盖等。如常用电器的绝缘外壳、金属网罩、金属外壳、变压器的遮挡围栏等都属于屏护措施。凡是金属材料制作的屏护装置，应妥善接地或接零。

屏护措施不直接与带电体接触，对所有材料的电气性能没有严格要求，但必须有足够的机械强度和良好的耐热、耐火性能。

（3）间距措施　在带电体与地面之间、带电体与其他设备之间，应保持一定的安全间距。间距大小取决于电压的高低、设备类型、安装方式等因素。

（4）加强绝缘措施　对电气设备或线路采用双重绝缘、加强绝缘或对组合电气设备采用共同绝缘，这些都是加强绝缘措施。采用加强绝缘措施的设备或线路绝缘牢固，难以损坏，即使工作绝缘损坏后，还有一层加强绝缘，不易发生带电的金属导体裸露而造成间接触电。

（5）电气隔离措施　采用隔离变压器或具有同等隔离作用的发电机，使电气线路和设备的带电部分处于悬浮状态叫电气隔离措施，即使线路或设备工作绝缘损坏，人站在地面上与之接触也不易触电。

应注意的是：被隔离回路的电压不得超过500V，其带电部分不得与其他电气回路或大地相连，方能保证隔离要求。

（6）自动断电保护措施　在带电线路或设备上发生触电事故时，在规定时间内能自动切断电源而起到保护作用的措施叫自动断电保护措施。如漏电保护、过流保护、过压或欠压保护、短路保护、接零保护等均属自动断电保护措施。

4. 保护接地与保护接零

为了人身安全和电力系统工作的需要，要求电气设备采取接地措施。按接地目的的不同，主要分为工作接地、保护接地和保护接零。这里重点介绍后两种。

（1）保护接地　保护接地是最古老的电气安全措施。保护接地是将电气设备中正常运行时不带电、而在绝缘损坏时有可能带电的金属外壳、构件等与接地装置做良好的电气连接，以防止间接接触电击的基本安全技术措施。

通过人体的电流：

$$I_b=I_e\frac{R_0}{R_0+R_b}$$

图 5-2 所示为保护接地等效电路，R_b 是人体电阻，R_0 是接地电阻。R_b 与 R_0 并联，且 $R_b \gg R_0$，接地电阻 R_0 通常为 4Ω，人体电阻 R_b 通常为几千欧，故通过人体的电流很小(可减小到安全值以内)。这就是利用接地装置的分流作用来减小通过人体的电流。

(2) 保护接零（用于 380V / 220V 三相四线制系统） 将电气设备的外壳可靠地接到零线上。当电气设备绝缘损坏造成一相碰壳，该相电源短路，其短路电流使保护设备动作，将故障设备从电源切除，防止人身触电。如图 5-3 所示，把电源碰壳变成单相短路，使保护设备能迅速可靠地动作，切断电源。

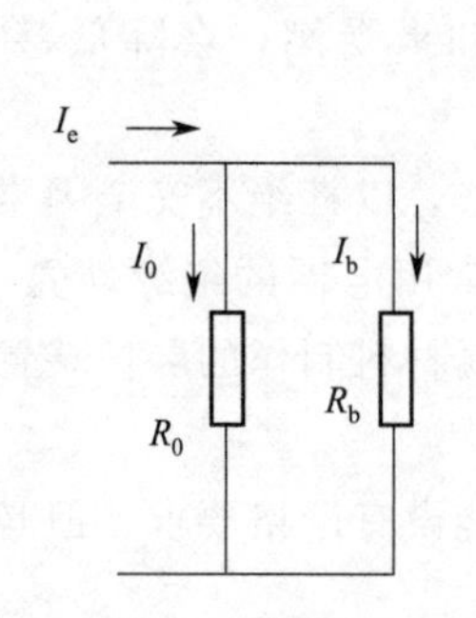

图 5-2 保护接地等效电路

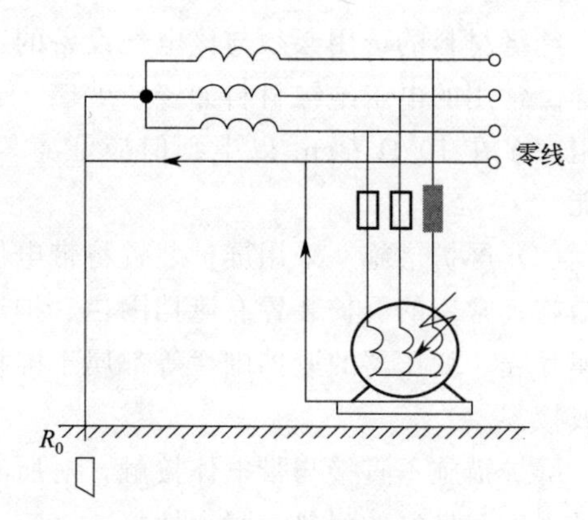

图 5-3 保护接零

进度检查

一、填空题

1. 人体触电分电击和______两大类，常见的电伤有______、________和________等现象。

2. 触电的常见原因是__________、____________、__________和__________。

3. 一般环境的安全电压为______V，特殊场所的安全电压为______V，电工安全用具有________、________和________等三种。

二、判断题（正确的在括号内画“√”，错误的画“×”）

1. 电对人体的安全条件通常采用安全电流，而不是安全电压。（ ）

2. 通过人体电流的频率越高，人越危险。（ ）

3. 保护接地对人体触电起不到保护作用。（ ）

三、简答题

简述安全用电的意义。

编号 FJC-10-02

学习单元 5-2 触电急救常识

学习目标： 在完成本单元学习后，能够清楚触电现场抢救方法；根据触电者伤情采用不同的急救方式；会心肺复苏的基本操作方法。

职业领域： 化学、石油、环保、医药、冶金、食品等

工作范围： 电工

一、触电的现场抢救

1. 使触电者尽快脱离电源

发现有人触电，最关键、最首要的措施是使触电者尽快脱离电源。由于触电现场的情况不同，使触电者脱离电源的方法也不一样。在触电现场经常采用以下几种急救方法。

① 迅速关断电源，把人从触电处移开。如果触电现场远离开关或不具备关断电源的条件，救护者可站在干燥木板上，用一只手抓住触电者衣服将其拉离电源，但切不可触及带电人的皮肤。如果这种条件尚不具备，还可用干燥木棒、竹竿等将电线从触电者身上挑开。

② 如触电发生在火线与大地之间，一时又不能把触电者拉离电源，可用干燥绳索将触电者身体拉离地面，或用干燥木板将人体与地面隔开，再设法关断电源，使触电者脱离带电体。在用绳索将触电者拉离地面时，注意不要发生跌伤事故。

③ 如手边有绝缘导线，可先将一端良好接地，另一端与触电者所接触的带电体相接，将该相电源对地短路，迫使电路跳闸或熔断器断路，达到切断电源的目的。在搭接带电体时，要注意救护者自身的安全。

④ 也可用手头的刀、斧、锄等带绝缘柄的工具，将电线砍断或撬断。但要注意切断电线时，人体切不可接触电线裸露部分和触电者。

注意：以上使触电者脱离电源的方法不适用于高压触电情况。

2. 脱离电源后的判断

触电者脱离电源后，应根据其受电流伤害的不同程度，采用不同的施救方法。

① 判断呼吸是否停止。将触电者移至干燥、宽敞、通风的地方，将衣、裤放松，使其仰卧，观察胸部或腹部有无因呼吸而产生的起伏动作。若不明显，可用手或小纸条靠近触电者鼻孔，观察有无气流流动，用手放在触电者胸部，感觉有无呼吸动作，若没有，说明呼吸已经停止。

② 判断脉搏是否搏动。用手检查颈部的颈动脉或腹股沟处的股动脉，看有没有搏动。若有，说明心脏还在工作。因颈动脉或股动脉都是人体大动脉，位置表浅，搏动幅度较大，容易感知，经常用来作为判断心脏是否跳动的依据。另外，也可用耳朵贴在触电者心区附

近，倾听有无心脏跳动的心音，若有，则心脏还在工作。

③ 判断瞳孔是否放大。瞳孔是受大脑控制的一个自动调节大小的“光圈”。如果大脑机能正常，瞳孔可随外界光线的强弱自动调节大小。处于死亡边缘或已经死亡的人，由于大脑细胞严重缺氧，大脑中枢失去对瞳孔的调节功能，瞳孔就会自动放大，对外界光线的强弱不再做出反应。

3. 对不同情况的救治

① 触电者神志尚清醒，但感觉头晕、心悸、出冷汗、恶心、呕吐等，应让其静卧休息，减轻心脏负担。

② 触电者神志有时清醒，有时昏迷，应静卧休息，并请医生救治。

③ 触电者无知觉，有呼吸、心跳，在请医生的同时，应施行人工呼吸。

④ 触电者呼吸停止，但心跳尚存，应采用口对口人工呼吸法；如心跳停止，呼吸尚存，应采取胸外心脏按压法；如呼吸、心跳均停止，则须同时采用口对口人工呼吸法和胸外心脏按压法进行抢救。

二、口对口人工呼吸法

口对口人工呼吸法的操作要点如下。

① 使触电者头部后仰，迅速松解衣扣、裤带，以免阻碍呼吸动作，急救者一手按住触电者前额，另一手将其颌骨向上抬起，如图 5-4 所示。

② 急救者一手的拇指和食指捏住病人鼻孔，然后深吸一口气，以嘴唇密封住患者的口部，用力吹气，直到病人胸部隆起为止，如图 5-5 所示。

③ 当病人胸部隆起后即停止吹气（救护人换气），放开紧捏的鼻孔，同时将口唇移开，让病人借自己胸部的弹性自动吐气。

④ 当病人吐气结束后，进行第二次吹气，每次吹气时间为 1～1.5s，约占呼吸周期的 1/3，吹气频率为 12 次/min。

⑤ 如触电者牙关紧闭，可改为口对鼻人工呼吸。吹气时将其嘴唇紧闭，防止漏气。

⑥ 对体弱者和儿童吹气时用力应稍轻，以免肺泡破裂。

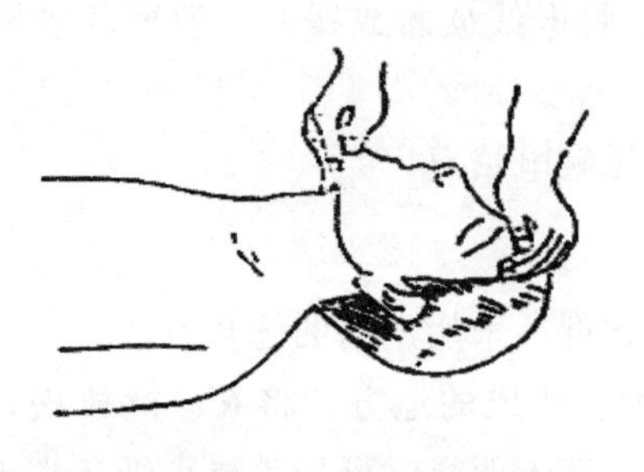

图 5-4　抬起颌骨

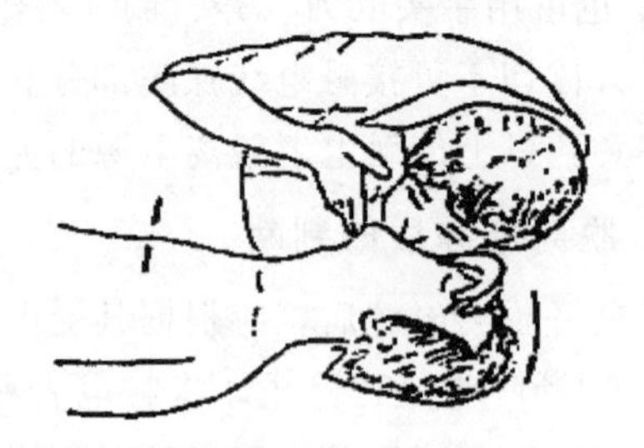

图 5-5　用力吹气

三、胸外心脏按压法操作要点

① 体位。患者应仰卧于硬板床或地上，解开其衣服。

② 部位。即按压部位，以一手掌根部置于患者胸骨中下 1/3 交界处（或剑突上二横指

宽距离），另一手掌压在该手背上，手指翘起，不接触其胸部，如图 5-6 所示。

③ 姿势。操作者两臂伸直，与两肩垂直，肘关节固定不动，借助双臂和上身重量垂直下压，如图 5-7 所示。

④ 按压深度。将胸骨下压 3～5cm，然后立即放松，但掌根不得离开胸膛。

⑤ 按压频率。操作频率为 80 次/min 左右（包括按压和放松一个循环），按压和放松时间相等。

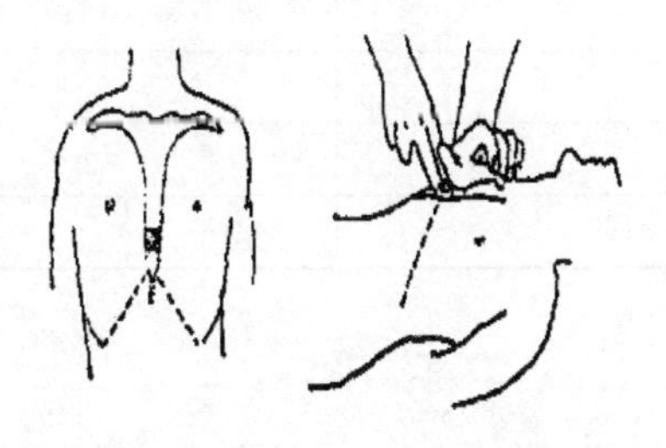

图 5-6　按压剑突

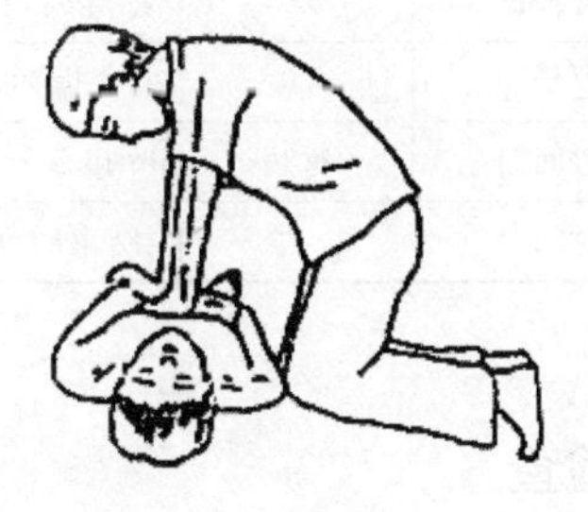

图 5-7　垂直下压

四、同时进行口对口人工呼吸和胸外心脏按压时两者的关系

① 单人救护。每按压 15 次、吹气 2 次（15∶2）。

② 双人救护。每按压 5 次、吹气 1 次（5∶1）。

五、触电急救模拟训练

1. 观看触电急救视频

组织学生观看口对口人工呼吸法和胸外心脏按压法视频录像。

2. 触电急救模拟训练

① 用绝缘物使触电者脱离电源或关电源总闸。

② 判断昏迷：意识是否消失；摸：颈动脉跳动是否消失；看：胸部有无起伏；感觉：若呼吸停止，先呼救请旁人帮忙，再打 120。

③ 把触电者嘴扳开，看有无异物阻碍气道，有就用棉棒取出。

④ 口对口人工呼吸：开放气道、垫以纱布、呼进气体（如果合格，此时模拟人的绿灯会闪；如果开放气道不好，气体将吹进胃中，红灯会闪）。

⑤ 胸外心脏按压：两乳头引线的中点，以一手的小鱼际按压，深度为 4～5cm，频率为 100 次/min，与人工呼吸比例为 2∶30（《国际心肺复苏指南》（2000 年版）规定为 2∶15，连续 4 个回合，同样每按一下，如果合格，则绿灯会闪）。

⑥ 口对口人工呼吸吹气 2 次＋按压 30 下为一组，共做完 5 组，再判断患者呼吸是否恢复。

⑦ 效果评估（有效标准）：能触及颈动脉搏动、散大的瞳孔缩小、自主呼吸恢复、唇面甲床紫绀减退。

3. 触电急救模拟训练评分

触电急救模拟训练评分见表 5-2。

表 5-2　触电急救模拟训练评分表

<table>
<tr><th>项目</th><th>配分</th><th colspan="4">评分标准</th><th colspan="2">扣分</th></tr>
<tr><td>脱离电源</td><td>10</td><td colspan="4">不能成功脱离，扣 10 分</td><td colspan="2"></td></tr>
<tr><td>判断昏迷</td><td>10</td><td colspan="4">摸、看、感觉，每少一个扣 5 分</td><td colspan="2"></td></tr>
<tr><td>畅通气道</td><td>10</td><td colspan="4">先看后通，每少一个扣 5 分</td><td colspan="2"></td></tr>
<tr><td>口对口人工呼吸</td><td>20</td><td colspan="4">红灯闪，扣 20 分</td><td colspan="2"></td></tr>
<tr><td>胸外心脏按压</td><td>20</td><td colspan="4">红灯闪，扣 20 分</td><td colspan="2"></td></tr>
<tr><td>效果评价</td><td>30</td><td colspan="4">4 个指标，每少一个扣 7.5 分</td><td colspan="2"></td></tr>
<tr><td>规定时间</td><td colspan="5">每超过 5min 扣 5 分</td><td colspan="2"></td></tr>
<tr><td>开始时间</td><td></td><td>结束时间</td><td></td><td>实际时间</td><td></td><td>成绩</td><td></td></tr>
</table>

进度检查

一、填空题

1. 触电者脱离电源后，应判断其__________是否停止，__________是否搏动，__________是否放大来采用不同的施救方法。

2. 同时进行口对口人工呼吸和胸外心脏按压时，单人救护每按压 15 次、吹气______次；双人救护每按压 15 次、吹气______次。

二、简答题

从人体机能方面出发，简述人触电死亡的原因。

编号 FJC-10-03

学习单元 5-3　防火、防爆、防雷电常识及技术措施

学习目标： 在完成本单元学习后，能够熟悉电气火灾产生原因；了解常用电气灭火器主要性能及使用方法、与电相关的防爆知识；熟悉雷电的相关知识及防雷电常用装置及措施。

职业领域： 化学、石油、环保、医药、冶金、食品等

工作范围： 电工

一、电气防火

1. 电气火灾产生的原因

几乎所有的电气故障都可能导致电气火灾。如设备材料选择不当，过载、短路或漏电，照明及电热设备故障，熔断器的烧断，接触不良以及雷击、静电等，都可能引起高温、高热或者产生电弧、放电火花，从而引发火灾事故。

2. 电气火灾的预防和紧急处理

(1) 预防方法　应按场所的危险等级正确地选择、安装、使用和维护电气设备及电气线路，按规定正确采用各种保护措施。在线路设计上，应充分考虑负载容量及合理的过载能力；在用电上，应禁止过度超载及乱接、乱搭电源线；对需在监护下使用的电气设备，应“人去停用”；对易引起火灾的场所，应注意加强防火，配置防火器材。

(2) 电气火灾的紧急处理　首先应切断电源，同时拨打火警电话报警。

不能用水或普通灭火器（如泡沫灭火器）灭火，应使用干粉、二氧化碳或“1211”等灭火器灭火，也可用干燥的黄沙灭火，见表 5-3。

表 5-3　常用电气灭火器主要性能及使用方法

种类	二氧化碳灭火器	干粉灭火器	“1211”灭火器
规格	2kg、2～3kg、5～7kg	8kg、50kg	1kg、2kg、3kg
药剂	瓶内装有液态二氧化碳	筒内装有钾盐或钠盐干粉，并备有盛装压缩空气的小钢瓶	筒内装有二氟一氯一溴甲烷，并充填压缩氮
用途	不导电。可扑救电气、精密仪器、油类、酸类火灾。不能用于钾、钠、镁、铝等物质的火灾	不导电。可扑救电气、石油（产品）、油漆、有机溶剂、天然气等火灾	不导电。可扑救电气、油类、化工化纤原料等初期火灾
功效	接近着火地点，保护距离 3m	8kg，喷射时间 14～18s，射程 4.5m；50kg，喷射时间 14～18s，射程 6～8m	喷射时间 6～8s，射程 2～3m
使用方法	一手拿喇叭筒对准火源，另一手打开开关	提起圈环，干粉即可喷出	拔下铅封或横锁，用力压下压把

二、防爆

1. 由电引起的爆炸

由电引起的爆炸主要发生在含有易燃、易爆气体和粉尘的场所。

2. 防爆措施

① 在有易燃、易爆气体和粉尘的场所，应合理选用防爆电气设备，正确敷设电气线路，保持场所良好通风。

② 应保证电气设备的正常运行，防止短路、过载。

③ 应安装自动断电保护装置，危险性大的设备应安装在危险区域外。

④ 防爆场所一定要选用防爆电机等防爆设备，使用便携式电气设备应特别注意安全。

⑤ 电源应采用三相五线制与单相三线制，线路接头采用熔焊或钎焊。

三、防雷

雷电产生的强电流、高电压、高温热具有很强的破坏力和多方面的破坏作用，给人类造成严重灾害。

1. 雷电的形成与活动规律

雷鸣与闪电是大气层中强烈的放电现象。雷云在形成过程中，由于摩擦、冻结等原因，积累起大量的正电荷或负电荷，产生了很高的电位。当带有异性电荷的雷云接近到一定程度时，就会击穿空气而发生强烈的放电，如图 5-8 所示。

雷电活动规律：南方比北方多，山区比平原多，陆地比海洋多，热而潮湿的地方比冷而干燥的地方多，夏季比其他季节多。

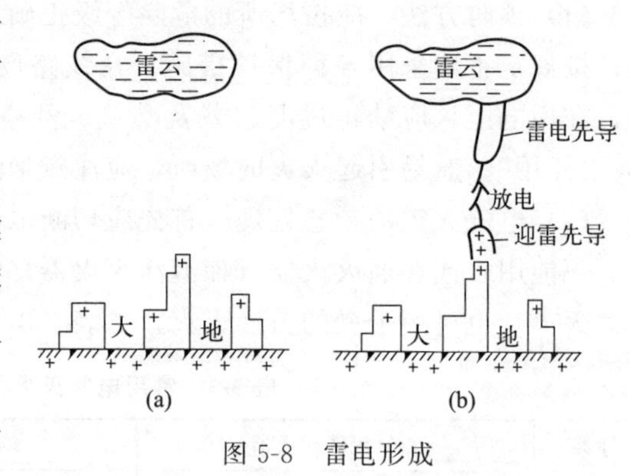

图 5-8 雷电形成

一般来说，下列物体或地点容易受到雷击。

① 空旷地区的孤立物体、高于 20m 的建筑物，如水塔、宝塔、尖形屋顶、烟囱、旗杆、天线、输电线路杆塔等。在山顶行走的人畜，也易遭受雷击。

② 特别潮湿的建筑物，露天放置的金属物。

③ 金属结构的屋面，砖木结构的建筑物或构筑物。

④ 金属矿床、河岸、山谷风口处、山坡与稻田接壤的地段、土壤电阻率小或电阻率变化大的地区。

⑤ 排放导电尘埃的厂房、排废气的管道和地下水出口、烟囱冒出的热气（含有大量导电质点、游离态分子）。

2. 雷电种类及危害

(1) 雷电的种类

① 直击雷。所谓直击雷，是指闪电直接击在建筑物、其他物体、大地或防雷装置上，产生电效应、热效应和机械效应等造成危害的直接雷击。雷云较低时，在地面较高的凸出物

上产生静电感应，感应电荷与雷云所带电荷相反而发生放电，所产生的电压可高达几百万伏。直击雷破坏性很大，常常造成建筑物损坏、火灾、爆炸、人畜伤亡、大量电子设备毁坏等。

② 感应雷。所谓感应雷（雷电感应），是闪电放电时在附近导体上产生的静电感应和电磁感应，它可能使金属部件之间产生火花，又称二次雷击或间接雷击。感应雷分静电感应雷和电磁感应雷。感应雷产生的感应过电压可达数十万伏，主要破坏对象是弱电子设备。据统计，80%的雷击损失来自感应雷。

③ 球形雷。球形雷（民间称为滚地雷）是一种火焰状球体，是雷击时形成的一种发红光或白光的火球，大多发生在直击雷后，经常从窗户、门缝、烟囱等钻入室内，造成电气设备和建筑物等损坏，会引起火灾和造成人员伤亡等。

④ 雷电波侵入。所谓雷电波侵入，是指由于雷电对架空线路或金属管道的作用，雷电波可能沿着这些线路或管道侵入屋内，危及人身安全或损坏设备。雷电波侵入是在建筑物未遭受雷击，但建筑物内的电子、电气设备却频繁遭受雷击的主要原因。

雷击时在电力线路或金属管道上产生高压冲击波。雷击的破坏和危害，主要体现在四个方面：一是电磁性质的破坏；二是机械性质的破坏；三是热性质的破坏；四是跨步电压破坏。

（2）雷电的危害

① 热效应。雷电流产生的热量可以熔化金属。

② 生理效应。雷电流流过人体，造成心脏停止跳动、大脑麻痹等使人死亡，所以看不到外伤。有的人被雷击后头发全脱。

③ 机械效应。雷电流所产生的强大电动力具有很强的破坏作用，如打碎烟囱、劈碎树木等。

3. 雷电防护

雷电防护的对象主要是建（构）筑物、设备和人员。对雷电的防护措施主要是安装防雷装置。

（1）常用防雷装置　基本思想是疏导措施，即设法构成通路将雷电流引入大地，从而避免雷击的破坏。常用的避雷装置有避雷针、避雷线、避雷网、避雷带和避雷器等。

① 避雷针。1749 年富兰克林提出：接地的高耸的尖形铁棒可以用来保护建筑物，并设计了避雷针的实验。到 18 世纪末，避雷针获得公认，被普遍采用。

即使在科技高度发达的今天，人类社会最有利的雷电保护装置，还是 200 多年前发明的避雷针。避雷针的工作原理是把电荷导入大地，使其不对高层建筑构成危险。

避雷针通常为一种尖形金属导体，装设在高大、凸出、孤立的建筑物或室外电力设施的凸出部位。避雷针形状如图 5-9 所示。避雷针利用尖端放电原理，将雷云感应电荷积聚在避雷针的顶部，与接近的雷云不断放电，实现地电荷与雷云电荷的中和。

② 避雷线、避雷网和避雷带。避雷线、避雷网和避雷带的保护原理与避雷针相同。避雷线主要用于电力线路的防雷保护，避雷网和避雷带主要用于工业建筑和民用建筑的保护。

③ 避雷器。避雷器有保护间隙、管形避雷器和阀形避雷器三种，其基本原理类似。

正常时，避雷器处于断路状态；出现雷电过电压时发生击穿放电，将过电压引入大地；

过电压终止后，迅速恢复阻断状态。

三种避雷器中，保护间隙是最简单的避雷器，性能较差。管形避雷器的保护性能稍好，主要用于变电所的进线段或线路的绝缘弱点。工业变配电设备普遍采用阀形避雷器，通常安装在线路进户点。

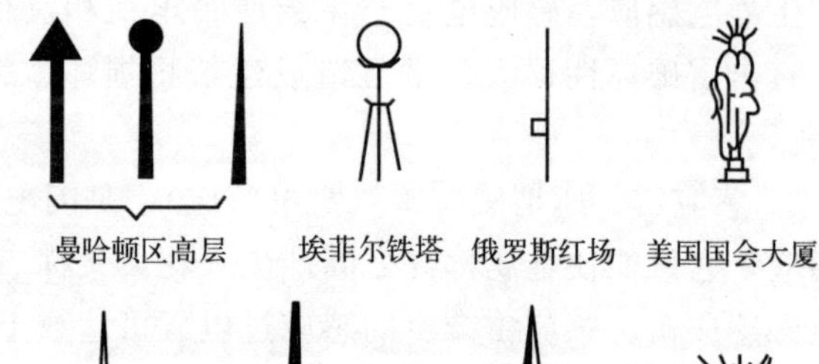

应县塔

石山大塔

波斯宫遗址

北京英东游泳馆（海胆式）

图 5-9　各式避雷针形状

(2) 防直击雷措施　防直击雷的主要措施是安装避雷针、避雷带（线）和避雷网。防直击雷装置主要由接闪器、引下线、接地装置组成。

(3) 雷电感应的防护措施　防雷电感应的主要措施是进行等电位连接。应将建筑物内的金属设备、管道、构架、电缆金属外皮、钢屋架、钢门窗等较大金属物体和突出屋面的放散管、风管等金属物接到防雷接地装置上。金属屋面周边每隔 18～24m 应采用引下线接地一次。

(4) 防雷电波侵入措施　防雷电波侵入的主要措施是安装电涌保护器（SPD），电涌保护器又叫过电压保护器，俗称避雷器。

电涌保护器的基本原理是在瞬态过电压（雷电波）发生的瞬间（微秒或纳秒级），将被保护区域内的所有被保护对象（设备、线路等）接入等电位系统中，从而将回路中的瞬态过电压幅值限制在设备能够承受的范围内。应将建筑物架空管线和埋地金属管线，在进出建筑物处与防雷接地装置连接。

(5) 对球形雷的防护措施　球形雷大多伴随直击雷出现，并随气流移动，经常从窗户、门缝、烟囱等钻入室内。所以，预防球形雷，雷雨天不要敞开门窗，门、窗户、烟囱等气流流动的地方用 20cm×20cm 的金属网格封住，并将其接地。

如果遇到球形雷，最好屏息不动，以免破坏周围的气流平衡，导致球形雷追逐，更不要随意拍打或泼水。

4. 人被雷击的抢救方法

① 如果在雷电交加时，皮肤有显著的颤动感或者头、颈、手处有蚂蚁爬走感，感觉头发竖起，要明白自己可能要受到雷击，应立刻卧倒在地。

② 如果人体遭受雷击后身体没有出现紫蓝色的斑纹，有可能是假死，必须就地组织抢救，及时送往医院。

③ 在抢救过程中，要注意给受害者取暖，以减少体能的消耗。口对口人工呼吸和胸外心脏按压必须连续进行，中间不能停顿，直至受害者能够完全恢复呼吸和心脏跳动或者证实死亡为止。

5. 防雷常识

① 为防止感应雷和雷电波沿架空线进入室内，应将进户线的最后一根支承物上的绝缘子铁脚可靠接地。

② 雷雨时，应关好室内门窗，以防球形雷飘入；不要站在窗前或阳台上、有烟囱的灶

前；应离开电力线、电话线、无线电天线1.5m以外。

③ 雷雨时，不要使用家用电器，应将电器的电源插头拔下。

④ 雷雨时，不要洗澡、洗头，不要待在厨房、浴室等潮湿的场所。

⑤ 雷雨时，不能站在孤立的大树、电杆、烟囱和高墙下，不要乘坐敞篷车和骑自行车。避雨应选择有屏蔽作用的建筑或物体，如汽车、电车、混凝土房屋等。

⑥ 雷雨时，不要停留在山顶、湖泊、河边、沼泽地、游泳池等易受雷击的地方；最好不用带金属柄的雨伞。

⑦ 如果有人遭到雷击，应及时进行口对口人工呼吸和胸外心脏按压，并送医院抢救。

6. 现代防雷技术措施

① 防雷的第一道防线是设法拦截雷电，截雷或吸引闪电的装置就是避雷装置，可以把闪电的强大电流传导到大地中去，从而防止闪电电流经过建筑物、人员和设备。

② 屏蔽是防止任何形式电磁干扰的基本手段之一，就是用金属网、箱、壳、管等导体把需要保护的对象包围起来，作用是把闪电的脉冲电磁场从空间入侵的通道阻隔开来，使雷电“无隙可钻”。各种屏蔽体必须妥善接地。

③ 接地是各种防雷措施的基础，是分流和排泄直击雷和雷电电磁干扰能量的最有效的手段之一。接地的目的就是把雷电流通过低电阻的接地体向大地泄放，从而保护建筑物、人员和设备的安全。

知识拓展

雷电的驯服利用

近年，雷电作为一种宝贵的天然能源，已引起科学家的高度重视。科学家计算发现，一次强烈闪电积累的电量可牵引一列有14节车厢的火车，使之前行200km。可惜的是闪电放电时间极短，仅50～100μs。

① 闪电可被用来制造化肥。闪电发生时形成的高温高压正是制造氮肥的条件，空气中存在大量氮气（空气中氮气约占4/5）。人们发现，雷电每年可为全球带来20多亿吨氮肥，可惜绝大部分落入海洋和无人区。

② 雷电还可以帮助人们寻找矿藏。一般来说，导电的物体容易遭受雷电袭击，那么含有大量金属矿物质或石油储藏量丰富的地方，其导电性能要比含一般岩层的地方好。经常遭遇雷击的区域，往往地下矿物或石油储量较高。

③ 一年里雷电释放的总电能约为17.5亿千度。若一度电的电费为0.30元，全世界一年的雷电价值就达5.25×10^4亿元，这是一笔巨大的财富。雷电的最大价值就在于此，雷电最前沿的科学应该是研究如何收集它。

④ 重庆大学的科研人员则利用闪电的特性来治病。他们尝试利用雷电电流极大、时间极短的特质研究治疗肿瘤。这项研究获得了国家自然科学基金的支持，校方称，他们先给小白鼠做实验，再给狗做，再给更高级的动物做，希望将来能应用于人类。

进度检查

一、填空题

1. 雷电通常有________、________、________和__________4种。

2. 常用的避雷装置有________、避雷线、避雷网、避雷带和________等。

3. ________是防止任何形式电磁干扰的基本手段之一。

4. 据统计，雷击时弱电子设备大部分损失来自________雷击。

二、判断题（正确的在括号内画“√”，错误的画“×”）

1. 雷电的防范不属于安全用电范畴。（　）

2. 电气火灾发生时，应使用干粉、二氧化碳或“1211”等灭火器灭火，也可用泡沫灭火器灭火。（　）

3. “1211”灭火器使用时应拔下铅封或横锁，用力压下压把。（　）

三、简答题

1. 简述雷电活动规律。人类在雷电的探索中有什么设想？

2. 简述防爆的措施。

素质拓展阅读

安全用电

电的实用价值是非常巨大的，但同时电又是非常危险的。尊重自然规律、熟悉自然现象，是职业院校学生了解安全用电的必要态度。当我们充分认识电、掌握电、运用及利用好电后，电的实用价值才能充分发挥。思想决定行动，我们必须思想上足够尊重电，养成良好的职业素养和职业精神，在涉及电的工作时，思想上要高度重视，用电作业时一定要一丝不苟、认真执行用电安全操作规程。

生活中我们经常使用电能，工作和生产中更是离不开电。在利用电的过程中，要做到长期思想上不麻痹大意，紧绷安全用电这根弦，就只有不断地学习及接受安全教育培训。特别是用电者应该学习工匠精神，即爱岗敬业、精益求精、无私奉献的思想境界，将这些素质和素养运用到电的安全使用中。我们必须尊重生命、热爱生命，工作时必须养成安全用电的习惯，坚决杜绝安全用电事故的发生，为国家的建设和发展贡献更大的力量。

在预防用电事故发生的同时，当触电事故已经出现，进行正确的触电急救，当电气火灾发生，进行电气灭火，在争分夺秒的时候抢救更多生命、抢救更多财产，需要有必备的相关知识和娴熟的操作技能，显然平时的勤学苦练尤为重要。这更加需要工匠精神的支持，日常多磨炼，才能临危不惧、临危不慌。

我国的特高压技术尤其是特高压直流输电技术领跑全球，仅国家电网有限公司就拥有9万多项专利，并制定1800余项行业标准、75项国家标准、75项国际标准，使我国在成为输电大国的同时，也成为输电强国。国家电网有限公司技术专家、技术工人数十年如一日精益求精、爱岗敬业、追求极致，传承和发扬工匠精神的优良传统，不断创造中国特高压传输技术的奇迹。高等职业院校分析检验技术专业学生，应该以中国工匠们为学习榜样，热爱国家、热爱学校，在努力钻研本专业知识和专业技能的同时，熟悉电、了解电并能驾驭好电。

参 考 文 献

[1] 章喜才，赵丹．电工电子技术及应用［M］．2版．北京：机械工业出版社，2019.

[2] 陈勇，孟祥曦．电工学：电子技术．同步辅导与习题全解［M］．7版．北京：中国水利水电出版社，2018.

[3] 唐介．电工学（少学时）［M］．5版．北京：高等教育出版社，2020.

[4] 唐介，王宁．电工学（少学时）学习辅导与习题解答［M］．5版．北京：高等教育出版社，2020.

[5] 林育兹．电工电子学［M］．北京：电子工业出版社，2005.

[6] 程智宾，杨蓉青，陈超，等．电工技术一体化教程［M］．北京：机械工业出版社，2022.

[7] 罗映红，陶彩霞．电工技术［M］．北京：中国电力出版社，2019.

[8] 张南，吴雪．电工学（少学时）［M］．4版．北京：高等教育出版社，2020.

[9] 李春茂．电工学：电工技术［M］．北京：清华大学出版社，2009.

[10] 伍爱莲，李皓瑜．电工技术［M］．武汉：华中科技大学出版社，2009.

[11] 杨风．电工技术：电工学（Ⅰ）［M］．2版．北京：机械工业出版社，2019.

[12] 李海军．电工技术［M］．北京：国防工业出版社，2008.

[13] 王萍，林孔元．电工学实验教程［M］．北京：高等教育出版社，2006.

[14] 李彩萍．电路原理实践教程［M］．北京：高等教育出版社，2008.

[15] 黄军辉，傅沈文．电工技术［M］．3版．北京：人民邮电出版社，2016.

[16] 潘岚．电路与电子技术实验教程［M］．北京：高等教育出版社，2005.

[17] 徐学彬，李云胜．电工技术实验教程［M］．成都：西南交通大学出版社，2007.

[18] 席时达．电工技术［M］．5版．北京：高等教育出版社，2019.

[19] 陈和娟．电工技术基础［M］．北京：中国电力大学出版社，2017.

[20] 臧雪岩，郭庆，吴清洋．电工技术基础［M］．北京：机械工业出版社，2018.

[21] 罗敬．电工技术基础与技能［M］．北京：电子工业出版社，2021.

[22] 欧阳鄂，陈军，王为民．电工电子技术技能与实践［M］．北京：化学工业出版社，2020.

[23] 任万强．电工电子技术［M］．3版．北京：中国水利水电出版社，2021.

[24] 黄军辉，傅沈文．电工技术［M］．3版．北京：人民邮电出版社，2016.

[25] 程智宾．电工技术一体化教程［M］．北京：机械工业出版社，2016.

[26] 章喜才，赵丹．电工电子技术及应用［M］．2版．北京：机械工业出版社，2019.